普通高等教育网络工程专业教材

Linux 服务器配置与管理项目教程
（微课版）（第 2 版）

主　编　宋丽娜　常丽媛　蒋一锄

副主编　彭姣丽　杨昊龙　薛立强

中国水利水电出版社

www.waterpub.com.cn

·北京·

内 容 提 要

本书着眼于企业应用，以学生能够完成中小企业建网、管网的任务为出发点，以工作过程为导向，以工程实践为基础，注重工程实训和应用，同时配以知识点微课和项目实训慕课，使"教、学、做"融为一体，是一本工学结合的教材。

本书以 RHEL 8/ CentOS 8 为平台，根据网络工程实际工作过程所需要的知识和技能总结出 12 个教学项目、15 个项目实训和 2 个综合实训。教学项目包括：安装与配置 Linux 操作系统、配置与管理网络、管理用户和组、管理文件系统与磁盘、配置与管理 samba 服务器、配置与管理 DHCP 服务器、配置与管理 DNS 服务器、配置与管理 Apache 服务器、配置与管理 FTP 服务器、配置与管理电子邮件服务器、配置与管理防火墙、配置与管理代理服务器。

本书既可以作为高等院校计算机应用专业和网络技术专业的理论与实践一体化教材，也可以作为 Linux 系统管理和网络管理的自学指导书。

图书在版编目（CIP）数据

Linux 服务器配置与管理项目教程：微课版 / 宋丽娜，常丽媛，蒋一锄主编. -- 2 版. -- 北京：中国水利水电出版社，2024. 7. -- (普通高等教育网络工程专业教材). -- ISBN 978-7-5226-2540-9

Ⅰ. TP316.85

中国国家版本馆 CIP 数据核字第 2024ZT3915 号

策划编辑：石永峰　　责任编辑：魏渊源　　加工编辑：刘瑜　　封面设计：苏敏

书　　名	普通高等教育网络工程专业教材 **Linux 服务器配置与管理项目教程（微课版）（第 2 版）** Linux FUWUQI PEIZHI YU GUANLI XIANGMU JIAOCHENG (WEIKE BAN)	
作　　者	主　编　宋丽娜　常丽媛　蒋一锄 副主编　彭姣丽　杨昊龙　薛立强	
出版发行	中国水利水电出版社 （北京市海淀区玉渊潭南路 1 号 D 座　100038） 网址：www.waterpub.com.cn E-mail：mchannel@263.net（答疑） 　　　　sales@mwr.gov.cn 电话：(010) 68545888（营销中心）、82562819（组稿）	
经　　售	北京科水图书销售有限公司 电话：(010) 68545874、63202643 全国各地新华书店和相关出版物销售网点	
排　　版	北京万水电子信息有限公司	
印　　刷	三河市鑫金马印装有限公司	
规　　格	184mm×260mm　　16 开本　　14.5 印张　　371 千字	
版　　次	2019 年 7 月第 1 版　　2019 年 7 月第 1 次印刷 2024 年 7 月第 2 版　　2024 年 7 月第 1 次印刷	
印　　数	0001—3000 册	
定　　价	48.00 元	

前　言

习近平总书记在党的二十大报告中指出:"必须坚持科技是第一生产力、人才是第一资源、创新是第一动力,深入实施科教兴国战略、人才强国战略、创新驱动发展战略,开辟发展新领域新赛道,不断塑造发展新动能新优势。"大国工匠和高技能人才作为人才强国战略的重要组成部分,在现代化国家建设中起着重要的作用。高等职业教育肩负着培养大国工匠和高技能人才的使命,近几年得到了迅速发展和普及。

网络强国是国家的发展战略。要做到网络强国,不但要在网络技术上领先和创新,而且要确保网络不受国内外敌对势力的攻击,保障重大应用系统正常运营。因此,网络技能型人才的培养显得尤为重要。

1. 编写背景

《Linux 服务器配置与管理项目教程》是国家在线精品课程配套教材。该书出版 5 年来,得到了兄弟院校师生的厚爱,已经重印多次。为了适应计算机网络的发展和高等院校教材改革的需要,我们对本书进行了改版,吸收了有实践经验的网络企业工程师参与教材大纲的审订与编写,改写或重写了核心内容,删除了部分陈旧的内容,增加了部分新技术的内容。

2. 修订内容

主要修订的内容如下。

(1)进行了版本升级,由 Red Hat Enterprise Linux 7(RHEL 7)升级到 Red Hat Enterprise Linux 8(RHEL 8)和 CentOS 8。

(2)通过扫描二维码随时随地观看知识点微课和实训项目视频。

(3)增加授课计划、项目指导书、电子教案、电子课件、课程标准、大赛、试卷、拓展提升、项目任务单、实训指导书等相关电子参考资料。

(4)重写或改写 samba 服务器、DHCP 服务器、DNS 服务器、Apache 服务器、FTP 服务器、电子邮件服务器、防火墙和代理服务器等核心内容。

3. 本书特点

(1)落实立德树人根本任务。

本书精心设计,在专业内容的讲解中融入科学精神和爱国情怀,通过讲解中国计算机领域的重要事件和人物,弘扬精益求精的专业精神、职业精神和工匠精神,培养学生的创新意识,激发爱国热情。

(2)实训内容源于企业实际应用。

每个项目后面都增加"拓展阅读"内容。"微课+慕课"体现了"教、学、做"的完美统一,知识点微课、项目实训慕课互相配合,读者可以通过扫描二维码随时进行项目的学习与实践。

(3)符合"三教"改革精神,创新教材形态。

将教材、课堂、教学资源、LEEPEE 教学法四者融合,实现线上线下有机结合,为"翻转课堂"和"混合课堂"改革奠定基础。采用"纸质教材+电子活页"的形式编写教材。除教材外,本书还提供丰富的数字资源,包含视频、音频、作业、试卷、拓展资源、讨论、扩展的项目实训视频等，实现纸质教材三年修订、电子活页随时增减和修订的目标。

4. 配套的教学资源

（1）知识点微课（12 个）、课堂项目慕课（12 个）和项目实训慕课（14 个）。

全部的知识点微课和全套的项目实训慕课都可通过扫描书中二维码获取。

（2）课件、教案、授课计划、项目指导书、课程标准、拓展提升、任务单、实训指导书等，以及可供参考的服务器的配置文件。

（3）大赛试题（试卷 A、试卷 B）及答案、本书习题及答案。

5. 教学大纲

本书的参考学时为 68 学时，其中实训为 38 学时，各项目的参考学时参见下面的学时分配表。

章节	课程内容	学时分配	
		讲授	实训
项目 1	安装与配置 Linux 操作系统	2	2
项目 2	配置与管理网络	2	2
项目 3	管理用户和组	2	2
项目 4	管理文件系统与磁盘	2	2
项目 5	配置与管理 samba 服务器	2	2
项目 6	配置与管理 DHCP 服务器	2	2
项目 7	配置与管理 DNS 服务器	4	4
项目 8	配置与管理 Apache 服务器	2	2
项目 9	配置与管理 FTP 服务器	4	4
项目 10	配置与管理电子邮件服务器	4	4
项目 11	配置与管理防火墙	2	2
项目 12	配置与管理代理服务器	2	2
综合实训一	Linux 系统故障排除	1	4
综合实训二	企业综合应用	1	4
课时总计		30	38

本书是由教学名师、微软工程师和骨干教师共同策划编写的一本工学结合教材，由菏泽学院宋丽娜、山东现代学院常丽媛、湖南环境生物职业技术学院蒋一锄任主编，湖南环境生物职业技术学院彭姣丽、杨昊龙、薛立强任副主编。特别感谢浪潮集团、山东鹏森信息科技有限公司提供了教学案例，录制了课堂慕课和项目实录。

订购教材后，可以向出版社或作者（QQ：68433059，计算机资源共享群：30539076）索要全套教学资源。

编者

2024 年 4 月

目　　录

第三篇 常用网络服务

第四篇　防火墙与代理服务器

第一篇　系统安装与网络配置

项目 1　安装与配置 Linux 操作系统

项目 2　配置与管理网络

合抱之木，生于毫末；

九层之台，起于累土；

千里之行，始于足下。

——《道德经》

项目 1　安装与配置 Linux 操作系统

Linux 是当前有很大发展潜力的计算机操作系统，Internet（互联网）的旺盛需求正推动着 Linux 的发展热潮一浪高过一浪。自由与开放的特性，加上强大的网络功能，使 Linux 在 21 世纪有着无限的发展前景。

 学习要点

- 理解 Linux 操作系统的体系结构。
- 掌握搭建 RHEL 8 服务器的方法。
- 掌握登录、退出 Linux 服务器的方法。
- 掌握 yum 软件仓库的使用方法。
- 掌握启动和退出系统的方法。

 素养要点

- "天下兴亡，匹夫有责"，了解核高基和国产操作系统，理解自主可控于我国的重大意义，激发学生的爱国情怀和学习动力。
- 明确操作系统在新一代信息技术中的重要地位，激发科技报国的家国情怀和使命担当。

1.1　项目相关知识

Linux 操作系统是一个类似于 UNIX 的操作系统。Linux 操作系统是 UNIX 在计算机上的完整实现，它的标志是一个名为 Tux 的可爱的小企鹅形象，如图 1-1 所示。UNIX 操作系统是 1969 年由肯·莱恩·汤普森（Kenneth Lane Thompson）和丹尼斯·里奇（Dennis Ritchie）在美国贝尔实验室开发的一个操作系统。由于良好且稳定的性能，该操作系统迅速在计算机中得到广泛应用，在随后的几十年中又不断地被改进。

图 1-1　Linux 的标志 Tux

自由开源的 Linux
操作系统

1.1.1　Linux 操作系统的历史

1990 年，芬兰人莱纳斯·贝内迪克特·托瓦兹（Linus Benedict Torvalds）（以下简称莱

纳斯）接触了为教学而设计的 Minix 系统后，开始着手研究编写一个开放的、与 Minix 系统兼容的操作系统。1991 年 10 月 5 日，莱纳斯在芬兰赫尔辛基大学的一台 FTP 服务器上发布了一个消息。这也标志着 Linux 操作系统诞生。莱纳斯公布了第一个 Linux 的内核 0.02 版本。开始，莱纳斯的兴趣在于了解操作系统的运行原理，因此 Linux 早期的版本并没有考虑最终用户的使用，只是提供了最核心的框架，使得 Linux 开发人员可以享受编制内核的乐趣，但这样也保证了 Linux 操作系统内核的强大与稳定。互联网的兴起，使得 Linux 操作系统也十分迅速地发展，很快就有许多程序员加入 Linux 操作系统的编写行列。

随着编程小组的扩大和完整的操作系统基础软件的出现，Linux 开发人员认识到，Linux 已经逐渐变成一个成熟的操作系统。1994 年 3 月，内核 1.0 版本的推出，标志着 Linux 第一个正式版本诞生。

1.1.2　Linux 的版权问题及特点

1．Linux 的版权问题

Linux 是基于 Copyleft（无版权）的软件模式进行发布的。其实 Copyleft 是与 Copyright（版权所有）相对立的新名称，它是 GNU 项目制定的通用公共许可证（General Public License，GPL）。GNU 项目是由理查德·斯托尔曼（Richard Stallman）于 1984 年提出的。他建立了自由软件基金会（Free Software Foundation，FSF），并提出 GNU 计划的目的是开发一个完全自由的、与 UNIX 类似但功能更强大的操作系统，以便为所有的计算机用户提供一个功能齐全、性能良好的基本系统。GNU 的标志（角马）如图 1-2 所示。

图 1-2　GNU 的标志
（角马）

小资料：GNU 这个名字使用了有趣的递归缩写，它是 "GNU's Not UNIX" 的缩写形式。由于递归缩写是一种在全称中递归引用它自身的缩写，所以无法精确地解释出它的真正全称。

2．Linux 操作系统的特点

Linux 操作系统作为一个自由、开放的操作系统，其发展势不可当。它拥有高效、安全、稳定，支持多种硬件平台，用户界面友好，网络功能强大，以及支持多任务、多用户等特点。

1.1.3　理解 Linux 的体系结构

Linux 一般由 3 个部分组成：内核（kernel）、命令解释层（shell 或其他操作环境）、实用工具。

1．内核

内核是系统的"心脏"，是运行程序、管理磁盘及打印机等硬件设备的核心程序。命令解释层向用户提供一个操作界面，从用户那里接收命令，并且把命令送给内核去执行。由于内核提供的都是操作系统最基本的功能，所以如果内核发生问题，那么整个计算机系统就可能会崩溃。

2．命令解释层

命令解释层在操作系统内核与用户之间提供操作界面，可以称其为一个解释器。操作系统对用户输入的命令进行解释，再将其发送到内核。Linux 存在几种操作环境，分别是桌面

（desktop）、窗口管理器（window manager）和命令行 shell（command line shell）。Linux 操作系统中的每个用户都可以拥有自己的用户操作界面，即根据自己的需求进行定制。

shell 是系统的用户界面，提供用户与内核进行交互操作的接口。它接收用户输入的命令，并且将命令送入内核去执行。shell 也是一个命令解释器，解释由用户输入的命令，并把命令送到内核。不仅如此，shell 还有自己的编程语言，可用于命令的编辑，它允许用户编写由 shell 命令组成的程序。shell 编程语言具有普通编程语言的很多特点，如它也有循环结构和分支控制结构等。用 shell 编程语言编写的 shell 程序与其他应用程序具有同样的效果。

3. 实用工具

标准的 Linux 操作系统都有一套叫作实用工具的程序，它们是专门的程序，如编辑器、执行标准的计算操作等。用户也可以使用自己的工具。

实用工具可分为以下三类。

● 编辑器：用于编辑文件。
● 过滤器：用于接收数据并过滤数据。
● 交互程序：允许用户发送信息或接收来自其他用户的信息。

1.1.4　Linux 的版本

Linux 的版本分为内核版本和发行版本两种。

1. 内核版本

内核是系统的"心脏"，是运行程序、管理磁盘及打印机等硬件设备的核心程序，提供了一个在裸设备与应用程序间的抽象层。例如，程序本身不需要了解用户的主板芯片集或磁盘控制器的细节就能在高层次上读/写磁盘。

内核的开发和规范一直由莱纳斯领导的开发小组控制着，版本也是唯一的。开发小组每隔一段时间公布新的版本或其修订版，从 1991 年 10 月莱纳斯向世界公开发布的内核 0.0.2 版本（0.0.1 版本功能相当"简陋"，所以没有公开发布），到目前较新的内核 5.10.12 版本，Linux 的功能越来越强大。

Linux 内核的版本号命名是有一定规则的，版本号的格式通常为"主版本号.次版本号.修正号"。主版本号和次版本号标志着重要的功能变更，修正号表示较小的功能变更。以 2.6.12 为例，2 代表主版本号，6 代表次版本号，12 代表修正号。读者可以到 Linux 内核官方网站下载最新的内核代码，如图 1-3 所示。

2. 发行版本

仅有内核而没有应用软件的操作系统是无法使用的，所以许多公司或社团将内核、源代码及相关的应用程序组织构成一个完整的操作系统，让一般的用户可以简便地安装和使用 Linux，这就是所谓的发行版（distribution）。一般谈论的 Linux 操作系统便是针对这些发行版的。目前各种发行版超过 300 种，它们的发行版本号各不相同，使用的内核版本号也可能不一样，现在流行的 Linux 操作系统套件有 RHEL、CentOS、Fedora、openSUSE、Debian、Ubuntu 等。

本书是基于 RHEL 8 编写的，书中内容及实验完全通用于 CentOS、Fedora 等系统。也就是说，当你学完本书后，即便公司内的生产环境部署的是 CentOS，也照样会使用。更重要的是，本书配套资料中的 ISO 映像文件与红帽认证系统管理员（Red Hat Certified System Administrator，RHCSA）及红帽认证工程师（Red Hat Certified Engineer，RHCE）考试内容基本保持一致，因此本书也适合备考红帽认证的考生使用。

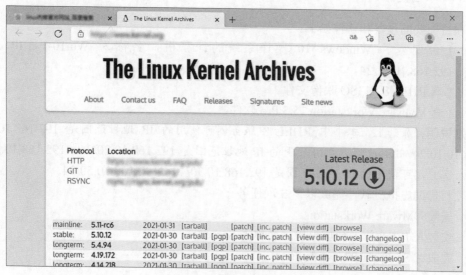

图 1-3　Linux 内核官方网站

1.1.5　RHEL 8

作为面向云环境和企业 IT 的强大企业级 Linux 操作系统，RHEL 8 版本于 2019 年 5 月 8 日发布。在 RHEL 7 系列发布约 5 年之后，RHEL 8 在优化诸多核心组件的同时引入了诸多强大的新功能，支持各种工作负载，从而可以让用户轻松驾驭各种环境。

RHEL 8 为"混合云时代"的到来引入了大量新功能，包括用于配置、管理和修复 RHEL 8 的 Red Hat Smart Management 扩展程序，以及包含快速迁移框架、编程语言和诸多开发者工具在内的 Application Streams。

RHEL 8 同时对管理员和管理区域进行了改善，让系统管理员、Windows 管理员更容易访问。此外，通过 Red Hat Enterprise Linux System Roles，Linux 初学者可以更快地自动化执行复杂任务，以及通过 RHEL Web 控制台管理和监控 RHEL 的运行状况。

在安全方面，RHEL 8 内置了对 OpenSSL 1.1.1 和 TLS 1.3 加密标准的支持。它还为 Red Hat 容器工具包提供了全面的支持，用于创建、运行和共享容器化应用程序，改进对 ARM 和 POWER 架构、SAP 解决方案和实时应用程序，以及 Red Hat 混合云基础架构的支持。

1.2　项目设计与准备

中小型企业在选择网络操作系统时，首选企业版 Linux 网络操作系统。一是由于其开源的优势，二是考虑到其安全性较高。

要想成功安装 Linux，首先必须对硬件的基本要求、硬件的兼容性、多重引导、磁盘分区和安装方式等进行充分准备，并获取发行版、查看硬件是否兼容，再选择适合的安装方式。只有做好这些准备工作，Linux 安装之旅才会一帆风顺。

1.2.1　项目设计

本项目需要的设备和软件如下。

- 1 台安装了 Windows 10 操作系统的计算机，名称为 Win10-1，IP 地址为 192.168.10.31/24。
- 1 套 RHEL 8 的 ISO 映像文件。
- 1 套 VMware Workstation 15.5 Pro 软件。

特别说明：原则上，本书中 RHEL 8 服务器可使用的 IP 地址范围是 192.168.10.1/24～192.168.10.10/24，Linux 客户端可使用的 IP 地址范围是 192.168.10.20/24～192.168.10.30/24，Windows 客户端可使用的 IP 地址范围是 192.168.10.30/40～192.168.10.50/24。

本项目借助虚拟机软件完成以下 3 项任务。

- 安装 VMware Workstation。
- 安装 RHEL 8 第一台虚拟机，名称为 Server01。
- 完成对 Server01 的基本配置。

1.2.2　项目准备

RHEL 8 支持目前绝大多数主流的硬件设备，不过由于硬件配置、规格更新极快，若想知道自己的硬件设备是否被 RHEL 8 支持，最好去访问硬件认证网页，查看哪些硬件通过了 RHEL 8 的认证。

1. 多重引导

Linux 和 Windows 的多重引导（多系统引导）有多种实现方式，常用的有 3 种。

在这 3 种实现方式中，目前用户使用最多的是通过 Linux 的 GRUB 或者 LILO 实现 Windows、Linux 多重引导。

2. 安装方式

任何硬盘在使用前都要进行分区。硬盘的分区有 2 种类型：主分区和扩展分区。RHEL 8 提供了多达 4 种安装方式支持，可以从 CD-ROM/DVD 启动安装、从硬盘安装、从 NFS 服务器安装或者从 FTP/HTTP 服务器安装。

3. 规划分区

在启动 RHEL 8 安装程序前，需根据实际情况的不同，准备 RHEL 8 DVD 安装映像，同时要进行规划分区。

对于初次接触 Linux 的用户来说，分区方案越简单越好，所以最好的选择就是为 Linux 准备 3 个分区，即用户保存系统和数据的根分区（/）、启动分区（/boot）和交换分区（swap）。其中，交换分区不用太大，与物理内存同样大小即可；启动分区用于保存系统启动时所需要的文件，一般 500MB 就足够了；根分区则需要根据 Linux 操作系统安装后占用资源的大小和所需要保存数据的多少来调整大小（一般情况下，划分 15～20GB 就足够了）。

特别说明：如果选择的固件类型为"UEFI"，则 Linux 操作系统至少必须建立 4 个分区，即根分区、启动分区、EFI 启动分区（/boot/efi）和交换分区。

当然，对于"Linux 熟手"，或者要安装服务器的管理员来说，这种分区方案就不太适合了。此时，一般会再创建一个/usr 分区，操作系统基本都在这个分区中；还需要创建一个/home

分区，所有的用户信息都在这个分区下；还有/var 分区，服务器的登录文件、邮件、Web 服务器的数据文件都会放在这个分区中。Linux 服务器常见分区方案如图 1-4 所示。

挂载点	设备	说明
/	/dev/sda1	10GB，主分区
/home	/dev/sda2	8GB，主分区
/boot	/dev/sda3	500MB，主分区
swap	/dev/sda5	4GB（内存的 2 倍）
/var	/dev/sda6	8GB，逻辑分区
/usr	/dev/sda7	8GB，逻辑分区

图 1-4 Linux 服务器常见分区方案

1.3 项 目 实 施

Linux 的版本分为内核版本和发行版本。

安装与基本配置
Linux 操作系统

任务 1-1 安装 VMware Workstation Pro 17

安装 VMware Workstation 17 的步骤分为以下几个阶段。

1. 下载 VMware Workstation Pro 17（简称 VM17）安装软件

（1）访问 VMware 官方网站，在产品页面中找到 VMware Workstation Pro 17 或相关版本。

（2）单击"现在安装"按钮或相应的下载按钮，开始下载 VM17 的安装程序。

2. 安装准备

（1）下载完成后，在文件夹中找到安装程序。

（2）双击安装程序，准备开始安装。

3. 安装过程

（1）单击"下一步"按钮开始安装流程。

（2）仔细阅读许可协议，并勾选"我接受许可协议中的条款"，然后单击"下一步"按钮。

（3）选择是否安装"增强型键盘驱动程序"，此选项可提升虚拟机的键盘使用体验，建议勾选。

（4）根据个人需求，选择性勾选其他附加组件或特性，然后单击"下一步"按钮。

（5）选择需要创建的快捷方式，便于日后快速启动 VMware Workstation。

（6）确认安装信息无误后，单击"安装"按钮开始正式安装。

4. 完成安装

（1）等待安装完成后，单击"完成"。

（2）如果系统提示重新启动，则根据提示进行操作。

（3）重启后，双击桌面上的"VMware Workstation Pro"图标，启动 VMware Workstation 17。

5. 激活或试用

（1）启动后，您可以选择输入许可证密钥以激活软件，享受全部功能。

（2）如果没有许可证密钥，也可以选择试用 VMware Workstation 17，通常有 30 天的试用期。

注意： 安装过程中可能会遇到需要管理员权限的提示，请确保以管理员身份运行安装程序。此外，安装前最好关闭安全软件，以免误报或阻止安装程序的正常运行。如果遇到任何问题，建议查阅 VMware 的官方文档或寻求社区支持。

成功安装 VMware Workstation Pro 17 后的界面如图 1-5 所示。

图 1-5　虚拟机软件 VMware Workstation Pro 17 的管理界面

任务 1-2　利用虚拟机软件 VM 17 新建虚拟机

成功安装 VM 17 后，接下来就可以非常简单地新建虚拟机了。

（1）在图 1-5 所示的 VMware 界面上，单击"创建新的虚拟机"按钮或选择"文件"→"新建虚拟机"选项。

（2）出现图 1-6 所示的"新建虚拟机向导"界面。在此界面中推荐选择"典型（推荐）（T）"选项以快速设置虚拟机，或者选择"自定义（高级）（C）"选项进行更详细的配置。

（3）单击"下一步"按钮，出现如图 1-7 所示的界面。

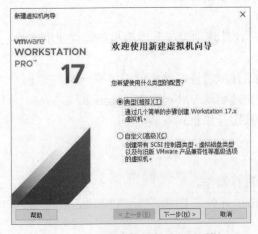

图 1-6　"新建虚拟机向导"对话框

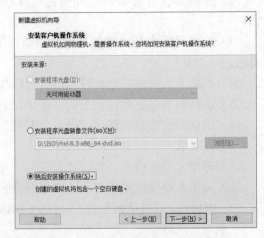

图 1-7　安装客户机操作系统界面

（4）在"安装客户机操作系统"界面中有 3 个选项，其中"安装程序光盘（D）"，类似 Windows 的无人值守安装，如果不希望执行无人值守安装，请选择第 3 项"稍后安装操作系统（S）"单选按钮（强烈推荐选择本项）。然后继续单击"下一步"按钮，出现如图 1-8 所示的界面。

（5）在客户操作系统中选择"Linux（L）"单选项，在版本栏中选择"Red Hat Enterprise Linux 8 64 位"选项，然后继续单击"下一步"按钮，出现图 1-9 所示的"命名虚拟机"界面。

（6）在"命名虚拟机"界面输入虚拟机名称，本例为 Server01，再单击"浏览"按钮，选择安装位置"E:\RHEL8\Server01"（请提前创建好该文件夹，不建议使用默认安装文件夹）后请继续单击"下一步"按钮，出现如图 1-10 所示的界面。

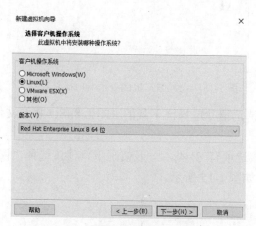

图 1-8　选择客户机操作系统界面

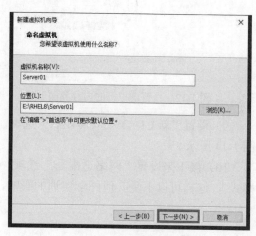

图 1-9　命名虚拟机界面

（7）在"指定磁盘容量"界面，将虚拟机的"最大磁盘大小"的值设置为 100.0GB（默认 20GB），然后继续单击"下一步"按钮，出现如图 1-11 所示的"已准备好创建虚拟机"界面，在该界面中单击"自定义硬件"按钮，出现如图 1-12 所示的"硬件"界面。

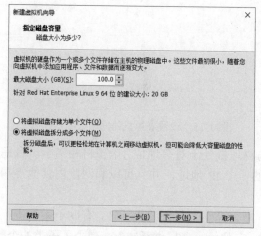

图 1-10　指定磁盘容量大小界面

图 1-11　已准备好创建虚拟机界面

（8）在图 1-12 所示的"硬件"界面中，可以设置"内存""处理器""新 CD/DVD""网络适配器"等选项。在本例中，我们将"内存"设置为 2GB，将"处理器内核总数"设置为 8，并开启 CPU 的虚拟化功能，如图 1-13 所示。

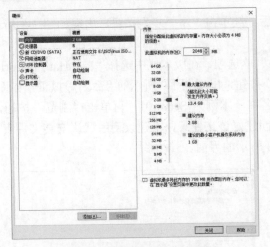
图 1-12　设置虚拟机的内存界面

图 1-13　设置虚拟机的处理器内核总数界面

（9）设置"新 CD/DVD（SATA）"选项，请定位并选择已下载的 RHEL 8 ISO 映像文件，如图 1-14 所示。

（10）接下来设置"网络适配器"选项。该选项有 3 类，一般情况下，建议选择"仅主机模式"，这样可以不受其他同学实训的影响，如图 1-15 所示。

图 1-14　设置虚拟机的 ISO 映像界面

图 1-15　设置虚拟机的网络适配器界面

- 桥接模式：虚拟机直接连接路由器，与物理机处于对等地位。虚拟机相当于一台完全独立的计算机，会占用局域网本网段的一个 IP 地址，并且可以和网段内其他终端进行通信，相互访问。

  优点：实现了抽象和实现部分的分离，极大提供了系统的灵活性，有助于系统进行分层设计，产生更好的结构化系统。同时，它替代了多层继承方案，减少了子类的个数，降低了系统的管理和维护成本。

  缺点：桥接模式的引入增加了系统的理解和设计难度，要求开发者针对抽象进行设计和编程。此外，它要求正确识别出系统中两个独立变化的维度，因此其使用范围有一定的局限性。桥接模式虚拟机网卡对应的虚拟机中的网卡名称为 VMnet0。

- NAT 模式：虚拟机借助物理机进行路由器联网。虚拟机与宿主机网络信息可以不一致，这样会节省公用 IP。虚拟机通过 VMvare 产生的虚拟路由器连接到 Windows 主机上的网卡，然后和外界进行通信。

  优点：不容易出现局域网内 IP 地址冲突，提高了连接到因特网的灵活性，同时也在地址重叠时提供了解决方案。

  缺点：由于需要进行地址转换，可能会增加交换延迟。此外，它可能导致无法进行端到端 IP 跟踪，使得有些应用程序无法正常运行。另外，其他宿主机不能直接访问本宿主机内的虚拟机。NAT 模式虚拟机网卡对应的网卡名称是 VMnet8。

- 仅主机模式：不能联网，只能 Ping 通虚拟机。虚拟主机网络只能和宿主机或本宿主机内的其他虚拟主机建立通信。优点：安全性较高，不会被外部网络攻击。缺点：不能连接外网，互联网和局域网都无法访问。仅主机模式虚拟机网卡对应的虚拟机中的网卡名称为 VMnet1。

（11）依次单击"关闭"→"完成"按钮。

（12）右击刚刚新建的虚拟机 Server01，执行"设置"命令，在打开的"虚拟机设置"对话框中单击"选项"标签，再执行"高级"命令，根据实际情况选择固件类型，如图 1-16 所示。

图 1-16　虚拟机的高级设置界面

（13）接着单击"确定"按钮，出现图 1-17 所示的界面，说明新建虚拟机的任务顺利完成。

小知识：（1）可扩展固件接口（Unified Extensible Firmware Interface，UEFI）启动需要一个独立的分区，它将系统启动文件和操作系统本身隔离，可以更好地保护系统的启动。

（2）UEFI 启动方式支持的硬盘容量更大。传统的基本输入输出系统（Basic Input Output System，BIOS）启动由于受主引导记录（Master Boot Record，MBR）的限制，默认无法引导 2.1TB 以上的硬盘。随着硬盘价格的不断下降，2.1TB 以上的硬盘会逐渐普及，因此 UEFI 启动也是今后主流的启动方式。

（3）本书主要采用 UEFI 启动，但在某些关键点会同时讲解两种方式，请读者学习时注意。

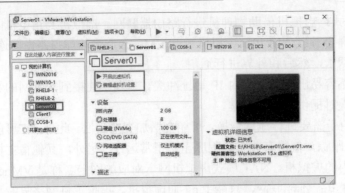

图 1-17　虚拟机配置成功的界面

任务 1-3　安装 RHEL 8

首先要注意，在安装 RHEL 8（Red Hat Enterprise Linux 8）时，要确保计算机 CPU 的虚拟化技术（Virtualization Technology，VT）支持功能已经打开。虚拟化技术允许在单个物理机上运行多个虚拟机，从而提高硬件利用率和灵活性。

以下是在 BIOS 或 UEFI 设置中打开 CPU 虚拟化技术（VT）的一般步骤（请注意，具体步骤可能因计算机型号和 BIOS/UEFI 版本而异）。

（1）重新启动计算机，并在启动时按下适当的键（如 F2、F10、DEL 或 ESC 等）以进入 BIOS 或 UEFI 设置。

（2）在 BIOS/UEFI 设置菜单中，找到与虚拟化技术相关的选项。该选项通常被标记为"Intel Virtualization Technology"（Intel VT-x）或"AMD-V"（对于 AMD 处理器）。

（3）将该选项设置为"Enabled"（启用）状态。通常可以通过使用键盘上的箭头键选择该选项，然后按 Enter 键进入子菜单或使用空格键切换开关状态来完成。

（4）保存并退出 BIOS/UEFI 设置。通常可以通过选择"Save and Exit"或"Exit Saving Changes"等选项来完成。完成后，计算机将重新启动，并应用新的设置。

一旦 CPU 虚拟化技术被启用，用户就可以继续安装 RHEL 8。在安装过程中，确保选择支持虚拟化的安装选项（例如，选择适当的虚拟机设置或启用 KVM 虚拟化支持）。

如果不确定如何打开 CPU 虚拟化技术或遇到任何困难，请查阅计算机或主板的文档，或联系计算机制造商的技术支持团队以获取帮助。

下面来安装一个完整的 Red Hat Enterprise Linux 8 系统，其步骤如下。

（1）在虚拟机配置成功的界面中单击"开启此虚拟机"按钮后数秒就可看到 RHEL 8 安装界面，如图 1-18 所示。在界面中，"Test this media & install Red Hat Enterprise Linux 8.2"和"Troubleshooting"的作用分别是校验光盘完整性后再安装和启动救援模式。此时通过方向键选择"Install Red Hat Enterprise Linux 8.2"选项来直接安装 Linux 操作系统。

（2）接下来按 Enter 键，开始加载安装映像，所需时间 30～60s，请耐心等待。如图 1-19 所示，选择系统的安装语言（简体中文）后单击"继续"按钮。

（3）在图 1-20 所示的安装信息摘要界面，选择"软件选择"选项，"软件选择"保留系统默认值，不必更改。RHEL 8 的软件选择界面可以根据用户的需求来调整系统的基本环境，例如，把 Linux 操作系统作为基础服务器、文件服务器、Web 服务器或工作站等。RHEL 8 已默认选中"带 GUI 的服务器"单选按钮（如果不选中此单选按钮，则无法进入图形界面），可以不做任何更改，如图 1-21 所示。

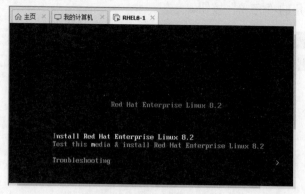

图 1-18　RHEL 8 安装界面

图 1-19　选择系统的安装语言界面

图 1-20　安装信息摘要界面

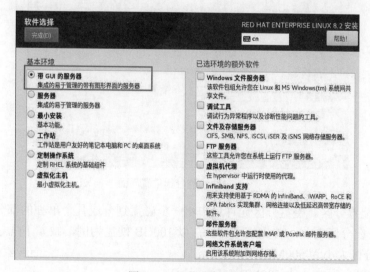

图 1-21　软件选择界面

（4）单击"完成"按钮返回 RHEL 8 安装信息摘要界面，选择"网络和主机名"选项后，将"主机名"字段设置为 Server01，将以太网的连接状态改成"打开"状态，如图 1-22 所示，然后单击左上角的"完成"按钮。

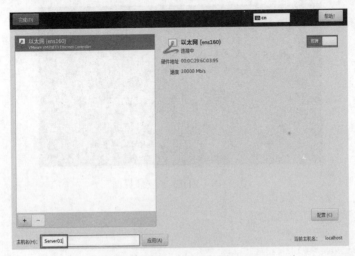

图 1-22　配置网络和主机名界面

（5）返回 RHEL 8 安装信息摘要界面，选择"时间和日期"选项，设置时区为亚洲/上海，单击"完成"按钮。

（6）返回安装信息摘要界面，选择"安装目的地"选项后，选中"自定义"单选按钮，如图 1-23 所示，然后单击左上角的"完成"按钮。

图 1-23　安装目标位置界面

（7）开始配置分区。磁盘分区允许用户将一个磁盘划分成几个单独的部分，每一部分都有自己的盘符。在分区之前，首先规划分区，以 100GB 硬盘为例，做如下规划。

● 　/boot 分区大小为 500MB。
● 　/boot/EFI 分区大小为 500MB。

- /分区大小为 10GB。
- /home 分区大小为 8GB。
- swap 分区大小为 4GB。
- /usr 分区大小为 8GB。
- /var 分区大小为 8GB。
- /tmp 分区大小为 1GB。
- 预留 60GB 左右。

下面进行具体分区操作。

1）创建启动分区。如图 1-24 所示，在"新挂载点将使用以下分区方案"下拉列表框中选择"标准分区"选项。单击"+"按钮，选择挂载点为"/boot"（也可以直接输入挂载点），容量大小设置为 500MB，然后单击"添加挂载点"按钮。在图 1-25 所示的界面中设置文件系统类型，默认文件系统类型为"xfs"。

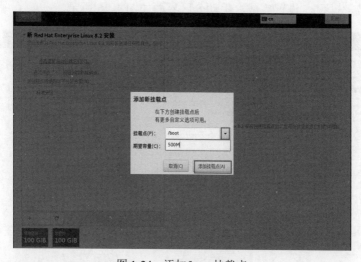

图 1-24　添加/boot 挂载点

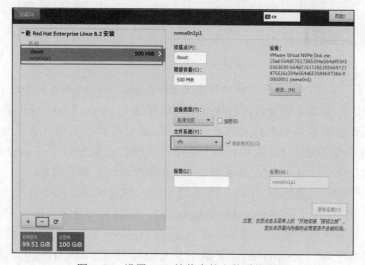

图 1-25　设置/boot 挂载点的文件系统类型

注意：①一定要选中标准分区，以保证/home 为单独分区，为后面配额实训做必要准备。②单击图 1-25 所示的 "−" 按钮，可以删除选中的分区。

2）创建交换分区。单击 "+" 按钮，创建交换分区。在"文件系统"类型中选择"swap"选项，大小一般设置为物理内存的两倍即可。例如，计算机物理内存大小为 2GB，那么设置的 swap 分区大小为 4GB。

说明：什么是 swap 分区？简单地说，swap 分区就是虚拟内存分区，它类似于 Windows 的 PageFile.sys 页面交换文件。就是当计算机的物理内存不够时，利用硬盘上的指定空间作为"后备军"来动态扩充内存的大小。

3）创建 EFI 启动分区。用与上面类似的方法创建 EFI 启动分区，大小为 500MB。

4）创建根分区。用与上面类似的方法创建根分区，大小为 10GB。

5）用与上面类似的方法，创建/home 分区（大小为 8GB）、/usr 分区（大小为 8GB）、/var 分区（大小为 8GB）、/tmp 分区（大小为 1GB）。文件系统类型全部设置为"xfs"，设置设备类型全部为"标准分区"。设置完成，手动分区界面如图 1-26 所示。

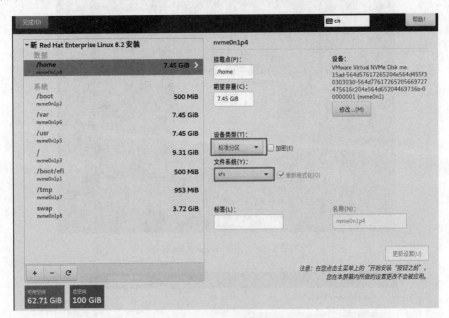

图 1-26 手动分区界面

特别注意：① 不可与根分区分开的目录是/dev、/etc、/sbin、/bin 和/lib。系统启动时，内核只载入一个分区，那就是根分区，内核启动要加载/dev、/etc、/sbin、/bin 和/lib 5 个目录的程序，所以以上几个目录必须和根目录在一起。② 最好单独分区的目录是/home、/usr、/var 和/tmp。出于安全和管理的目的，最好将以上 4 个目录独立出来。例如，在 samba 服务中，/home 目录可以配置磁盘配额；在 postfix 服务中，/var 目录可以配置磁盘配额。

6）单击左上角的"完成"按钮，如图 1-27 所示，然后单击"接受更改"按钮完成分区。本例中，/home 使用了独立分区/dev/nvme0n1p2。分区号与分区顺序有关。

注意：对于非易失性存储器标准（Non-Volatile Memory Express，NVMe）硬盘要特别注意，这是一种固态硬盘。/dev/nvme0n1 是第 1 个 NVMe 硬盘，/dev/nvme0n2 是第 2 个 NVMe

硬盘，而/dev/nvme0n1p1 表示第 1 个 NVMe 硬盘的第 1 个主分区，/dev/nvme0n1p5 表示第 1 个 NVMe 硬盘的第 1 个逻辑分区，以此类推。

（8）返回安装信息摘要界面，如图 1-28 所示，单击"开始安装"按钮后即可看到安装进度，如图 1-29 所示。

图 1-27　更改摘要界面

图 1-28　安装信息摘要界面

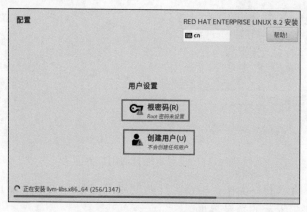

图 1-29　RHEL 8 的配置界面

（9）选择"根密码"选项，设置根密码。若坚持用弱口令的密码，则需要单击两次"完成"按钮才可以确认。这里需要说明，在虚拟机中做实验的时候，密码无所谓强弱，但在生产环境中一定要让 root 管理员的密码足够复杂，否则系统将面临严重的安全问题。完成根密码设置后，单击"完成"按钮。

（10）Linux 安装时间为 30～60min，用户在安装期间耐心等待即可。安装完成后单击"重启"按钮。

（11）重启系统后将看到系统初始化界面，如图 1-30 所示，选择"License Information"选项。

（12）勾选"我同意许可协议"复选框，然后单击左上角的"完成"按钮。

（13）返回系统初始化界面后，单击"结束配置"按钮，系统自动重启。

图 1-30　系统初始化界面

（14）重启后，连续单击"前进"或"跳过"按钮，直到出现图 1-31 所示的设置本地普通用户界面，输入用户名和密码等信息，例如，该账户的用户名为"yangyun"，密码为"12345678"，然后单击两次"前进"按钮。

图 1-31　设置本地普通用户界面

（15）在图 1-32 所示的界面中，单击"开始使用 Red Hat Enterprise Linux"按钮后，系统自动重启，出现图 1-33 所示的登录界面。

（16）单击"未列出？"按钮，以 root 管理员身份登录 RHEL 8。

图 1-32　系统初始化结束界面　　　　　图 1-33　登录界面

（17）语言选项选择默认设置"汉语"，然后单击"前进"按钮。

（18）选择系统的键盘布局或输入方式的默认值"汉语"，然后单击"前进"按钮。

（19）单击"开始使用 Red Hat Enterprise Linux"按钮后，系统再次自动重启，出现图 1-34 所示的设置系统的输入来源类型界面。

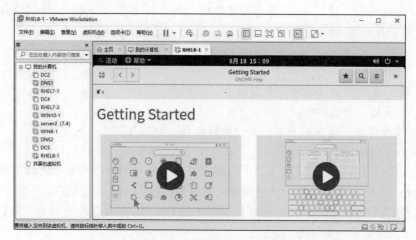

图 1-34 设置系统的输入来源类型界面

（20）关闭"设置系统输入来源类型"界面，呈现新安装的 RHEL 8 的炫酷界面。与之前版本不同，之前版本右击就可以打开命令行界面，RHEL 8 则需要在"活动"菜单中打开需要的应用。单击"活动"→"显示应用程序"命令，如图 1-35 所示。

图 1-35 RHEL 8 初次安装完成后的界面

特别提示：单击"活动"→"显示应用程序"命令，会显示全部应用程序，包括工具、设置、文件和 Firefox 等常用应用程序。

任务 1-4 使用 YUM 和 DNF

本书绝大部分的安装都采用 YUM 或 DNF 工具软件来完成，这也是首选方式。在了解 YUM 和 DNF 前，请读者先初步了解 RPM（Red Hat Package Manager）的相关知识（更详细的内容后续章节会逐渐介绍）。

1. RPM

RPM 是 Red Hat Linux（以及许多其他基于 RPM 的 Linux 发行版，如 CentOS、Fedora 等）

中用于软件包管理的工具。RPM 允许用户安装、卸载、更新、查询和验证软件包。以下是 RPM 包管理器的一些基本功能和用法。

（1）安装软件包。使用 rpm 命令安装软件包时，需要指定 .rpm 文件的路径。例如：

rpm -ivh package-name.rpm

其中：

- -i 表示安装。
- -v 表示详细模式（显示更多信息）。
- -h 表示显示安装进度。

（2）卸载软件包。要卸载一个已安装的软件包，可以使用 -e 选项：

rpm -e package-name

（3）更新软件包。虽然 RPM 本身不直接支持更新软件包（因为它不处理依赖关系），但可以使用 rpm -Uvh 命令来升级一个软件包，前提是新的 .rpm 文件可用。但是，在大多数情况下，推荐使用 YUM 或 DNF（Fedora 和较新版本的 CentOS 的默认包管理器）来更新软件包，因为它们可以自动处理依赖关系。

（4）查询软件包。RPM 提供了多种查询选项，用于检查已安装的软件包、软件包信息、文件属于哪个软件包等。例如：

- 查询已安装的软件包：rpm -qa。
- 查询软件包的详细信息：rpm -qi package-name。
- 查询软件包中的文件列表：rpm -ql package-name。
- 查询文件属于哪个软件包：rpm -qf /path/to/file。

（5）验证软件包。RPM 还可以验证已安装的软件包是否已被修改。这可以通过 rpm -V 命令来完成，该命令会检查文件的 MD5 校验和、文件大小、文件权限等属性。

（6）软件包依赖关系。RPM 本身不直接处理软件包之间的依赖关系，但 YUM 和 DNF 等高级包管理器可以。如果尝试使用 RPM 安装一个依赖其他软件包的软件包，而没有先安装这些依赖，RPM 会报错。

（7）仓库（Repositories）。RPM 软件包通常存储在仓库中，这些仓库可以是本地的（例如，一个包含.rpm 文件的目录），也可以是远程的（例如，一个在线的软件包存储库）。YUM 和 DNF 等包管理器使用仓库来查找和安装软件包，并自动处理依赖关系。

提示：RPM 是 Red Hat Linux 及其衍生发行版中的基本软件包管理工具，但它主要关注于单个软件包的安装、卸载和查询。对于更复杂的软件包管理任务（如自动处理依赖关系、更新软件包等），建议使用 YUM、DNF 或其他高级包管理器。

2．YUM（Yellowdog Updater, Modified）

YUM 软件仓库是为了提高 RPM（Red Hat Package Manager）软件包安装性而开发的一种软件包管理器。它的主要目标是自动化地升级、安装/移除 RPM 包，收集 RPM 包的相关信息，并检查依赖性以自动提示用户解决。

YUM 软件仓库的核心在于其可靠的仓库，这可以是 HTTP 或 FTP 站点，也可以是本地软件池。这个仓库必须包含 RPM 包的 header，header 中包含了 RPM 包的各种信息，如描述、功能、提供的文件、依赖性等。YUM 的工作原理如下。

RHEL 先将发布的软件存放到 YUM 服务器内，再分析这些软件的依赖属性问题，将软件内的记录信息写下来，然后将这些信息分析后记录成软件相关的清单列表。这些列表数据与软件所在的位置可以称为容器（repository）。当 Linux 客户端有软件安装的需求时，Linux 客户端主机会主动向网络上的 YUM 服务器的容器网址请求下载清单列表，然后通过清单列表的数据与本机 RPM 数据库已存在的软件数据相比较，就能够一次性安装所有需要的具有依赖属性的软件了。YUM 使用流程如图 1-36 所示。

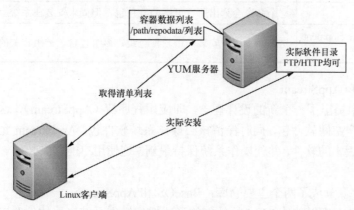

图 1-36　YUM 使用流程

当 Linux 客户端有升级、安装的需求时，会向容器要求更新清单列表，使清单列表更新到本机的/var/cache/yum 中。当 Linux 客户端实施更新、安装时，会用清单列表的数据与本机的 RPM 数据库进行比较，这样就知道该下载什么软件了。接下来会到 YUM 服务器下载所需要的软件，然后通过 RPM 的机制开始安装软件。这就是整个流程，仍然离不开 RPM。

3. DNF（Dandified YUM）常用命令

DNF 和 YUM 都是 Linux 操作系统中的软件包管理工具，它们用于自动化安装、更新、配置和移除软件包。DNF 是 Fedora 项目为了改进 YUM 而开发的下一代包管理工具，并在 CentOS 8 及更高版本中取代了 YUM 作为默认包管理器。

常见的 DNF 命令如表 1-1 所示。

表 1-1　常见的 DNF 命令

命令	作用
dnf install <package_name>	用于安装指定的软件包。可以指定一个或多个软件包名称，用空格分隔
dnf remove <package_name>	用于卸载指定的软件包。同样，可以指定一个或多个软件包名称。列出仓库中的所有软件包
dnf update	用于更新系统上已安装的所有软件包。如果想更新特定的软件包，可以加上软件包名称
dnf upgrade	这个命令和 dnf update 类似，但 upgrade 会尝试升级所有软件包到最新的版本，即使它们当前的版本不是通过 DNF 安装的
dnf search <keyword>	这个命令用于根据关键字搜索可用的软件包
dnf list installed	这个命令会列出系统上已安装的所有软件包
dnf info <package_name>	这个命令用于获取指定软件包的详细信息，如描述、版本、大小等
dnf clean all	这个命令用于清理 DNF 的缓存，包括已下载的软件包和元数据

命令	作用
dnf repolist	这个命令会列出所有可用的软件包仓库，并显示它们的状态（启用或禁用）
dnf history	这个命令用于查看 DNF 的操作历史记录，包括安装、卸载、更新等操作
dnf upgrade --refresh	这个命令会刷新软件包缓存并尝试升级系统上已安装的软件包
dnf list available	这个命令会列出所有可用的软件包，但尚未安装在系统上的
dnf groupinstall 'Development Tools'	这个命令用于安装一个软件包组，该组包含了一组相关的软件包

4. BaseOS 和 AppStream

在 RHEL 8 中提出了一个新的设计理念，即应用程序流（AppStream），这样就可以比以往更轻松地升级用户空间软件包，同时保留核心操作系统软件包。AppStream 允许在独立的生命周期中安装其他版本的软件，并使操作系统保持最新。这使用户能够安装同一个程序的多个主要版本。

RHEL 8 软件源分成了两个主要仓库：BaseOS 和 AppStream。

（1）BaseOS 仓库以传统 RPM 软件包的形式提供操作系统底层软件的核心集，是基础软件安装库。

（2）AppStream 包括额外的用户空间应用程序、运行时语言和数据库，以支持不同的工作负载和用例。AppStream 中的内容有两种格式——熟悉的 RPM 格式和称为模块的 RPM 格式扩展。

【例 1-1】配置本地 yum 源，安装 network-scripts。

创建挂载 ISO 映像文件的文件夹。/media 一般是系统安装时建立的，读者可以不必新建文件夹，直接使用该文件夹即可。但如果想把 ISO 映像文件挂载到其他文件夹，则请自建。

（1）新建配置文件/etc/yum.repos.d/dvd.repo。

```
[root@Server01 ~]# vim /etc/yum.repos.d/dvd.repo
[root@Server01 ~]# cat /etc/yum.repos.d/dvd.repo
[Media]
name=Meida
baseurl=file:///media/BaseOS
gpgcheck=0
enabled=1

[rhel8-AppStream]
name=rhel8-AppStream
baseurl=file:///media/AppStream
gpgcheck=0
enabled=1
```

注意：①baseurl 语句的写法，baseurl=file:/// media/BaseOS 中有 3 个 "/"。②enabled=1 表示启用本 yum 源进行安装，如果将值 1 改为 0，则禁用本地 yum 源安装。

（2）挂载 ISO 映像文件（保证/media 存在）。在本书中，**黑体**一般表示输入命令。

```
[root@Server01 ~]# mount /dev/cdrom /media
```

mount: /media: WARNING: device write-protected, mounted read-only.

[root@Server01 ~]#

（3）清理缓存并建立元数据缓存。

[root@Server01 ~]# dnf clean all

[root@Server01 ~]# **dnf makecache**　　　　　　　　　//建立元数据缓存

（4）查看软件包信息。

[root@Server01 ~]# **dnf　repolist**　　　　　　　//查看系统中可用和不可用的所有 DNF 软件库

[root@Server01 ~]# **dnf　list**　　　　　　　　//列出所有 RPM 包

[root@Server01 ~]# **dnf　list　installed**　　　　　//列出所有安装了的 RPM 包

[root@Server01 ~]# **dnf　search　network-scripts**　　//搜索软件库中的 RPM 包

[root@Server01 ~]# **dnf　provides　/bin/bash**　　　//查找某一文件的提供者

[root@Server01 ~]# **dnf　info　network-scripts**　　　//查看软件包详情

（5）安装 network-scripts 软件（无须信息确认）。

[root@Server01 ~]# **dnf install network-scripts　-y**

任务 1-5　启动 shell

Linux 中的 shell 又称为命令行，在这个命令行的终端窗口中，用户输入命令，操作系统执行并将结果返回显示在屏幕上。

1. 使用 Linux 操作系统的终端窗口

现在的 RHEL 8 默认采用图形界面的 GNOME 或者 KDE 操作方式，要想使用 shell 功能，就必须像在 Windows 中那样打开一个终端窗口。一般用户可以通过执行"活动"→"终端"命令来打开终端窗口，如图 1-37 所示。

图 1-37　RHEL 8 的终端窗口

执行以上命令后，就打开了一个白字黑底的终端窗口，这里可以使用 RHEL 8 支持的所有命令行的命令。

2. 使用 shell 提示符

登录之后，普通用户的 shell 提示符以"$"结尾，超级用户的 shell 提示符以"#"结尾。

[root@RHEL 8-1 ~]#　　　　　　　　　　　;root 用户以"#"结尾

[root@RHEL 8-1 ~]# **su – yangyun**　　　　　　;切换到普通账户 yangyun，"#"提示符将变为"$"

[yangyun@RHEL 8-1 ~]$ **su – root**　　　　　　;再切换回 root 账户，"$"提示符将变为"#"

密码：

3. 退出系统

在终端窗口输入"shutdown　-P　now"，或者单击右上角的关机按钮，选择"关机"命令，可以关闭系统。

4. 再次登录

如果再次登录，为了后面的实训顺利进行，请选择 root 用户。在图 1-38 所示的选择用户登录界面，单击"未列出?"按钮，在出现的登录对话框中输入 root 用户名及密码，以 root 身份登录计算机。

图 1-38　选择用户登录界面

任务 1-6　制作系统快照

安装成功后，请一定使用虚拟机的快照功能进行快照备份，一旦需要可立即恢复到系统的初始状态。提醒读者，对于重要实训节点，也可以进行快照备份，以便后续可以恢复到适当断点。

1.4　拓展阅读：核高基与国产操作系统

"核高基"就是"核心电子器件、高端通用芯片及基础软件产品"的简称，是中华人民共和国国务院于 2006 年发布的《国家中长期科学和技术发展规划纲要（2006—2020 年）》中与载人航天、探月工程并列的 16 个重大科技专项之一。近年来，一批国产基础软件的领军企业的强势发展给中国软件市场增添了几许信心，而"核高基"犹如助推器，给了国产基础软件更强劲的发展支持力量。

2008 年 10 月 21 日起，微软（Microsoft）公司对盗版 Windows 和 Office 用户进行"黑屏"警告性提示。自该"黑屏事件"发生之后，我国大量的计算机用户将目光转移到 Linux 操作系统和国产办公软件上，国产操作系统和办公软件的下载量一时间以几倍的速度增长，国产 Linux 操作系统和办公软件的发展也引起了大家的关注。

中国国产软件尤其是基础软件的时代已经来临，我们期望未来不会再受类似"黑屏事件"的制约，也希望我国所有的信息化建设都能建立在"安全、可靠、可信"的国产基础软件平台上。

1.5　项目实训：安装与基本配置 Linux 操作系统

1. 视频位置

实训前请扫描二维码观看"项目实录　安装与基本配置 Linux 操作系统"慕课。

2. 项目背景

某公司需要新安装一台带有 RHEL 8 的计算机，该计算机硬盘大小为 100GB，固件启动类型仍采用传统的 BIOS 模式，而不采用 UEFI 启动模式。

项目实录　安装与基本配置 Linux 操作系统

3．项目要求

（1）规划好 2 台计算机（Server01 和 Client1）的 IP 地址、主机名、虚拟机网络连接方式等内容。

（2）在 Server01 上安装完整的 RHEL 8。

（3）硬盘大小为 100GB，按以下要求完成分区创建。

- /boot 分区大小为 600MB。
- swap 分区大小为 4GB。
- /分区大小为 10GB。
- /usr 分区大小为 8GB。
- /home 分区大小为 8GB。
- /var 分区大小为 8GB。
- /tmp 分区大小为 6GB。
- 预留约 55GB 不进行分区。

（4）简单设置新安装的 RHEL 8 的网络环境。

（5）安装 GNOME 桌面环境，将显示分辨率调至 1280×768。

（6）制作快照。

（7）使用虚拟机的"克隆"功能新生成一个 RHEL 8，主机名为 Client1，并设置该主机的 IP 地址等参数。（"克隆"生成的主机系统要避免与原主机冲突。）

（8）使用 ping 命令测试这 2 台 Linux 主机的连通性。

4．深度思考

（1）规划分区为什么必须慎之又慎？

（2）第一个系统的虚拟内存设置至少设置为多大？为什么？

5．做一做

请将项目完整地做一遍。

1.6　练　习　题

一、填空题

1．GNU 的含义是_____。

2．Linux 内核一般有 3 个主要部分：_____、_____、_____。

3．目前被称为纯种的 UNIX 的就是_____及_____这两套操作系统。

4．Linux 是基于_____的软件模式发布的，它是 GNU 项目制定的通用公共许可证，英文是_____。

5．斯托尔曼成立了自由软件基金会，它的英文是_____。

6．POSIX 是_____的缩写，重点在规范核心与应用程序之间的接口，这是由美国电气与电子工程师学会（Institute of Electrical and Electronics Engineers，IEEE）发布的一项标准。

7．当前的 Linux 常见的应用可分为_____与_____2 个方面。

8．Linux 的版本分为_____和_____2 种。

9. 安装 Linux 最少需要两个分区，分别是_____和_____。

10. Linux 默认的系统管理员账号是_____。

11. UEFI 是_____的缩写，中文含义是_____。

12. NVMe 是_____的缩写，中文含义是_____。

13. 非易失性存储器标准硬盘是一种固态硬盘。/dev/nvme0n1 表示第_____个 NVMe 硬盘，/dev/nvme0n2 表示第_____个 NVMe 硬盘，而/dev/nvme0n1p1 表示_____，/dev/nvme0n1p5 表示_____，以此类推。

14. 传统的 BIOS 启动由于_____的限制，默认无法引导_____TB 以上的硬盘。

15. 如果选择的固件类型为"UEFI"，则 Linux 操作系统至少必须建立 4 个分区：_____、_____、_____和_____。

二、选择题

1. Linux 最早是由计算机爱好者（　　）开发的。
   A．Richard Petersen   B．Linus Torvalds
   C．Rob Pick   D．Linux Sarwar

2. 下列中（　　）是自由软件。
   A．Windows 10   B．UNIX   C．Linux   D．Windows Server 2016

3. 下列中（　　）不是 Linux 的特点。
   A．多任务   B．单用户   C．设备独立性   D．开放性

4. Linux 的内核版本 2.3.20 是（　　）的版本。
   A．不稳定   B．稳定   C．第三次修订   D．第二次修订

5. Linux 安装过程中的硬盘分区工具是（　　）。
   A．PQmagic   B．FDISK   C．FIPS   D．Disk Druid

6. Linux 的根分区可以设置成（　　）。
   A．FATl6   B．FAT32   C．xfs   D．NTFS

三、简答题

1. 简述 Linux 的体系结构。

2. 使用虚拟机安装 Linux 操作系统时，为什么要选择"稍后安装操作系统"，而不是选择"RHEL 8 系统映像光盘"？

3. 安装 RHEL 系统的基本磁盘分区有哪些？

4. RHEL 系统支持的文件类型有哪些？

5. 丢失 root 口令如何解决？

6. RHEL 8 采用了 systemd 作为初始化进程，那么如何查看某个服务的运行状态？

项目 2 配置与管理网络

作为 Linux 系统的网络管理员，学习 Linux 服务器的网络配置是至关重要的，管理服务器也是必须熟练掌握的。这些是后续配置网络服务的基础。

本项目讲解如何使用 nmtui 命令配置网络参数，以及通过 nmcli 命令查看网络信息并管理网络会话服务，从而能够在不同工作场景中快速切换网络运行参数；还讲解如何手动绑定 mode6 模式双网卡，实现网络的负载均衡。本项目还深入介绍 SSH 与 sshd 服务程序的理论知识、Linux 系统的远程管理及在系统中配置服务程序的方法。

- 掌握常见的网络配置服务。

- 了解为什么会推出 IPv6。接下来的 IPv6 时代，我国存在着巨大机遇，其中我国推出的"雪人计划"就是一个益国益民的大事，这一计划必将助力中华民族的伟大复兴，这也必将激发学生的爱国情怀和学习动力。
- "路漫漫其修远今，吾将上下而求索。"国产化替代之路"道阻且长，行则将至，行而不辍，未来可期"。青年学生更应坚信中华民族的伟大复兴终会有时！

2.1 项目相关知识

Linux 主机要与网络中的其他主机通信，首先要正确配置网络。网络配置通常包括主机名、IP 地址、子网掩码、默认网关、DNS 服务器等的设置，其中设置主机名是首要任务。
RHEL 8 有以下 3 种形式的主机名。

- 静态的（static）："静态"主机名也称为内核主机名，是系统在启动时从/etc/hostname 自动初始化的主机名。

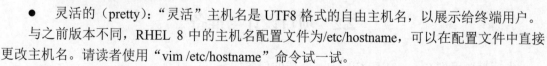

配置与管理网络

- 瞬态的（transient）："瞬态"主机名是在系统运行时临时分配的主机名，由内核管理。例如，通过 DHCP 或 DNS 服务器分配的 localhost 就是这种形式的主机名。
- 灵活的（pretty）："灵活"主机名是 UTF8 格式的自由主机名，以展示给终端用户。

与之前版本不同，RHEL 8 中的主机名配置文件为/etc/hostname，可以在配置文件中直接更改主机名。请读者使用"vim /etc/hostname"命令试一试。

1. 使用 nmtui 修改主机名

[root@Server01 ~]# **nmtui**

在图 2-1、图 2-2 所示的界面中进行配置。

图 2-1　设置系统主机名

图 2-2　修改主机名为 Server01

使用网络管理器的 nmtui 接口修改了静态主机名后（/etc/hostname 文件），不会通知 hostnamectl。要想强制让 hostnamectl 知道静态主机名已经被修改，需要重启 systemd-hostnamed 服务。

[root@Server01 ~]# **systemctl restart systemd-hostnamed**

2. 使用 hostnamectl 修改主机名

（1）查看主机名。

[root@Server01 ~]# **hostnamectl status**
    Static hostname: Server01
        ……

（2）设置新的主机名。

[root@Server01 ~]# **hostnamectl set-hostname my.smile60.cn**

（3）再次查看主机名。

[root@Server01 ~]# hostnamectl status
    Static hostname: my.smile60.cn
        ……

3. 使用 nmcli 修改主机名

（1）nmcli 可以修改/etc/hostname 中的主机名。

//查看主机名
[root@Server01 ~]# **nmcli general hostname**
my.smile60.cn
//设置新的主机名
[root@Server01 ~]# **nmcli general hostname Server01**
[root@Server01 ~]# **nmcli general hostname**
Server01

（2）重启 systemed-hostnamed 服务让 hostnamectl 知道静态主机名已经被修改。

[root@Server01 ~]# **systemctl restart systemd-hostnamed**

2.2　项目设计与准备

本项目要用到 Server01 和 Client1，完成的任务如下。

（1）配置 Server01 和 Client1 的网络参数。

（2）创建会话。

（3）配置远程服务。

配置网络和 firewall
防火墙

其中 Server01 的 IP 地址为 192.168.10.1/24，Client1 的 IP 地址为 192.168.10.20/24，两台计算机的网络连接方式都是桥接模式。

2.3　项 目 实 施

任务 2-1　使用系统菜单配置网络

后文我们将学习如何在 Linux 系统上配置服务。在此之前，必须先保证主机能够顺畅地通信。如果网络不通，即便服务部署正确，用户也无法顺利访问，所以配置网络并确保网络的连通性是学习部署 Linux 服务之前的重要知识点。

（1）以 Server01 为例。在 Server01 的桌面上依次选择"活动"→"显示应用程序"→"设置"→"网络"命令，打开网络配置界面，一步步完成网络信息查询和网络配置。具体过程如图 2-3 至图 2-5 所示。

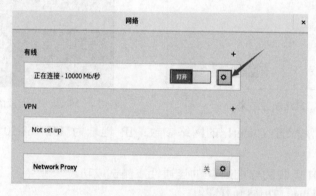

图 2-3　打开连接，单击齿轮按钮进行配置

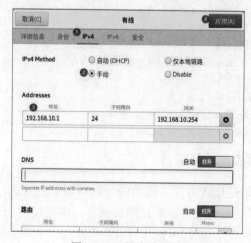

图 2-4　配置有线连接

（2）按图 2-4 所示的步骤设置，单击"应用"按钮应用配置，回到图 2-3 所示的界面。注意网络连接应该设置为"打开"状态，如果在"关闭"状态，则请修改。

（3）再次单击齿轮按钮，显示图 2-5 所示的最终配置结果。切记！一定要勾选"自动连接"复选框，否则计算机启动后不能自动连接网络。最后单击"应用"按钮。注意，有时需要重启系统，配置才能生效。

建议：①首选使用系统菜单配置网络，因为从 RHEL 8 开始，图形界面的功能已经非常完善了。②如果网络正常工作，则会在桌面的右上角显示网络连接图标🖧，直接单击该图标也可以进行网络配置，如图 2-6 所示。

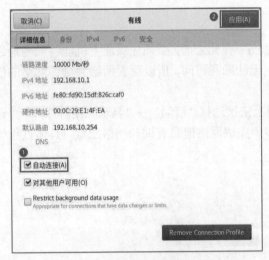

图 2-5　最终配置结果

图 2-6　单击网络连接图标配置网络

（4）按同样方法配置 Client1 的网络参数：IP 地址为 192.168.10.20/24，默认网关为 192.168.10.254。

（5）在 Server01 上测试与 Client1 的连通性，测试成功。

```
[root@Server01 ~]# ping 192.168.10.20 -c 4
PING 192.168.10.20 (192.168.10.20) 56(84) bytes of data.
64 bytes from 192.168.10.20: icmp_seq=1 ttl=64 time=0.904 ms
64 bytes from 192.168.10.20: icmp_seq=2 ttl=64 time=0.961 ms
64 bytes from 192.168.10.20: icmp_seq=3 ttl=64 time=1.12 ms
64 bytes from 192.168.10.20: icmp_seq=4 ttl=64 time=0.607 ms

--- 192.168.10.20 ping statistics ---
4 packets transmitted, 4 received, 0% packet loss, time 34ms
rtt min/avg/max/mdev = 0.607/0.898/1.120/0.185 ms
```

任务 2-2　使用图形界面配置网络

使用图形界面配置网络是比较方便、简单的一种网络配置方式，仍以 Server01 为例。

（1）任务 2-1 中我们使用系统菜单配置网络服务，现在使用 nmtui 命令来配置网络。

```
[root@Server01 ~]# nmtui
```

（2）执行命令后，显示图 2-7 所示的图形配置界面。选择"编辑连接"选项并按 Enter 键。

（3）配置过程如图 2-8、图 2-9 所示。

图 2-7　图形配置界面

图 2-8　选中要编辑的网卡名称，然后按 Enter 键

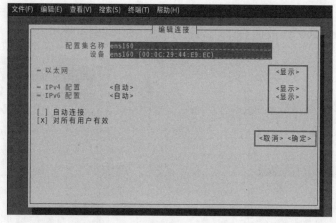

图 2-9　把网络 IPv4 的配置方式改成 Manual（手动）

注意：本书中所有的服务器主机 IP 地址均为 192.168.10.1，而客户端主机一般设为 192.168.10.20 及 192.168.10.30。这样做是为了方便后面的服务器配置。

（4）单击"显示"按钮，显示信息配置。在服务器主机的网络配置信息中填写 IP 地址 （192.168.10.1/24）等参数，如图 2-10 所示，然后单击"确定"按钮保存配置，如图 2-11 所示。

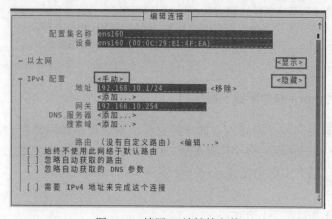

图 2-10　填写 IP 地址等参数

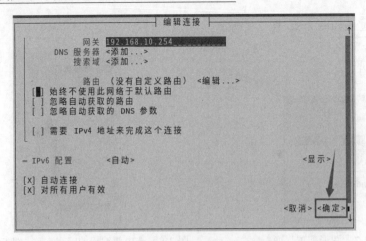

图 2-11　单击"确定"按钮保存配置

（5）单击"返回"按钮回到 nmtui 图形界面初始状态，选择"启用连接"选项，如图 2-12 所示，激活连接"ens160"。前面有"*"表示激活，如图 2-13 所示。

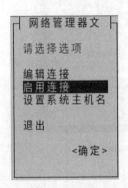

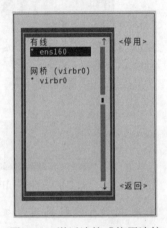

图 2-12　选择"启用连接"选项　　　　图 2-13　激活连接或停用连接

（6）至此，使用图形界面配置网络的步骤就结束了，使用 ifconfig 命令测试配置情况。

```
[root@Server01 ~]# ifconfig
ens160: flags=4163<UP,BROADCAST,RUNNING,MULTICAST>    mtu 1500
        inet 192.168.10.1   netmask 255.255.255.0   broadcast 192.168.10.255
        inet6 fe80::c0ae:d7f4:8f5:e135   prefixlen 64   scopeid 0x20<link>
        ……
```

任务 2-3　使用 nmcli 命令配置网络接口

网络管理器是管理和监控网络设备的守护进程，网络设备即网络接口，连接是对网络接口的配置。一个网络接口可以有多个连接配置，但同时只有一个连接配置生效。下面使用 nmcli 命令配置网络接口，以下实例仍在 Server01 上实现。

1. 常用命令

常用的 nmcli 命令如表 2-1 所示。

表 2-1 常用的 nmcli 命令

命令	功能或含义
nmcli connection show	显示所有连接
nmcli connection show --active	显示所有活动的连接状态
nmcli connection show "ens160"	显示网络连接配置
nmcli device status	显示设备状态
nmcli device show ens160	显示网络接口属性
nmcli connection add help	查看帮助信息
nmcli connection reload	重新加载配置
nmcli connection down test2	禁用 test2 的配置，注意一个网卡可以有多个配置
nmcli connection up test2	启用 test2 的配置
nmcli device disconnect ens160	禁用 ens160 网卡
nmcli device connect ens160	启用 ens160 网卡

2. 创建与管理连接

（1）创建新连接 default，IP 地址通过 DHCP 自动获取。

```
[root@Server01 ~]# nmcli connection show
NAME        UUID                                          TYPE        DEVICE
ens160      99def1da-65a8-36f4-b24a-37d782882d5b    ethernet    ens160
lo          29a0a9bc-0795-4935-9b26-15ec42ef1159    loopback    lo
[root@Server01 ~]# nmcli connection add con-name default type Ethernet ifname ens160
连接 "default" (01178d20-ffc4-4fda-a15a-0da2547f8545) 已成功添加。
[root@Server01 ~]# nmcli connection show
NAME        UUID                                          TYPE        DEVICE
ens160      99def1da-65a8-36f4-b24a-37d782882d5b    ethernet    ens160
lo          29a0a9bc-0795-4935-9b26-15ec42ef1159    loopback    lo
default     dd2f53a6-bd73-495b-92c3-afaa0b7c0ae0    ethernet    --
```

（2）删除连接。

```
[root@Server01 ~]# nmcli connection delete default
成功删除连接 "default" (dd2f53a6-bd73-495b-92c3-afaa0b7c0ae0)。
```

（3）创建新连接 test2，指定静态 IP 地址为 192.168.10.100，默认网关为 192.168.10.254，不自动连接。

```
[root@Server01 ~]# nmcli connection add con-name test2 ipv4.method manual ifname ens160
autoconnect no type Ethernet ipv4.addresses 192.168.10.100/24 gw4 192.168.10.254
连接 "test2" (106f4bc8-b258-4abb-aedf-41de87a231c6) 已成功添加。
```

参数说明如下。

- con-name：指定连接名字，没有特殊要求。
- ipv4.method：指定获取 IP 地址的方式。
- ifname：指定网卡设备名，也就是这次配置所生效的网卡。
- autoconnect：指定是否自动启动。
- ipv4.addresses：指定 IPv4 地址。

- gw4：指定网关。

（4）启用 test2 连接配置。

```
[root@Server01 ~]# nmcli connection up test2
连接已成功激活（D-Bus 活动路径：/org/freedesktop/NetworkManager/ActiveConnection/10）
[root@Server01 ~]# nmcli    connection show
NAME          UUID                                                    TYPE        DEVICE
test2         376759b2-0fc3-4fc9-96f5-16cd4eb3c9f1      ethernet    ens160
lo            29a0a9bc-0795-4935-9b26-15ec42ef1159      loopback    lo
ens160        99def1da-65a8-36f4-b24a-37d782882d5b      ethernet    --
```

（5）查看配置是否生效。

1）显示 NIC 的 IP 设置。

```
[root@Server01 ~]# ip address show ens160
2: ens160: <BROADCAST, MULTICAST,UP,LOWER_UP> mtu 1500 qdisc mq state UP group default qlen 1000
    link/ether 00:0c:29:72:c6:a9 brd ff:ff:ff:ff:ff:ff
    altname enp3s0
    inet 192.168.10.100/24 brd 192.168.10.255 scope global noprefixroute ens160
       valid_lft forever preferred_lft forever
    inet6 fe80::9fbe:8ab4:5beb:35d/64 scope link noprefixroute
       valid_lft forever preferred_lft forever
```

2）显示 IPv4 默认网关。

```
[root@Server01 ~]#    ip route show default
default via 192.168.10.254 dev ens160 proto static metric 100
```

3）显示 DNS 设置。

```
[root@Server01 ~]#    cat /etc/resolv.conf
# Generated by NetworkManager
search long60.cn
nameserver 192.0.2.200
```

3．配置 IP 地址实例

在本例中，接口和连接名为 ens160，在此接口上分配以下静态 IP 地址等信息。

IP: 192.168.10.2/24

netmask: 255.255.255.0

gateway: 192.168.10.1

DNS: 114.114.114.114

DNS 搜索区域：long60.cn

（1）配置 ens160 连接的静态 IP 地址。

```
[root@Server01 ~]# nmcli connection modify ens160 ipv4.method manual ipv4.addresses 192.168.10.2/24
ipv4.gateway 192.168.10.1 ipv4.dns 114.114.114.114 ipv4.dns-search long60.cn
```

（2）启用 ens160 连接配置。

```
[root@Server01 ~]# nmcli connection up ens160
连接已成功激活（D-Bus 活动路径：/org/freedesktop/NetworkManager/ActiveConnection/5）
```

（3）验证配置。

1）显示 NIC 的 IP 设置。

```
[root@Server01 ~]# ip address show ens160
```

2: ens160: <BROADCAST,MULTICAST,UP,LOWER_UP> mtu 1500 qdisc mq state UP group default qlen 1000

    link/ether 00:0c:29:72:c6:a9 brd ff:ff:ff:ff:ff:ff
    altname enp3s0
    inet 192.168.10.2/24 brd 192.168.10.255 scope global noprefixroute ens160
      valid_lft forever preferred_lft forever
    inet6 fe80::20c:29ff:fe72:c6a9/64 scope link noprefixroute
      valid_lft forever preferred_lft forever

2）显示 IPv4 默认网关。

[root@Server01 ~]# **ip route show default**
default via 192.168.10.1 dev ens160 proto static metric 100

3）显示 DNS 设置。

 [root@Server01 ~]#　**cat /etc/resolv.conf**
Generated by NetworkManager
search long60.cn
nameserver 114.114.114.114

4. *恢复到初始状态并验证*

删除 test2 连接，并将接口 ens160 的 IP 地址等信息恢复到初始状态。

IP: 192.168.10.1/24

netmask: 255.255.255.0

gateway: 192.168.10.254

DNS: 192.168.10.1

DNS 搜索区域：long60.cn

[root@Server01 ~]# **nmcli connection delete test2**
成功删除连接 "test2" (16246530-1f23-4772-b7e9-6948aece7063)。
[root@Server01 ~]# **nmcli connection modify ens160 ipv4.method manual ipv4.addresses 192.168.10.1/24 ipv4.gateway 192.168.10.254 ipv4.dns 192.168.10.1 ipv4.dns-search long60.cn**
[root@Server01 ~]# **nmcli connection up ens160**
连接已成功激活（D-Bus 活动路径：/org/freedesktop/NetworkManager/ActiveConnection/8）
[root@Server01 ~]# **ip address show ens160**
2: ens160: <BROADCAST,MULTICAST,UP,LOWER_UP> mtu 1500 qdisc mq state UP group default qlen 1000

    link/ether 00:0c:29:72:c6:a9 brd ff:ff:ff:ff:ff:ff
    altname enp3s0
    inet 192.168.10.1/24 brd 192.168.10.255 scope global noprefixroute ens160
      valid_lft forever preferred_lft forever
    inet6 fe80::20c:29ff:fe72:c6a9/64 scope link noprefixroute
      valid_lft forever preferred_lft forever
[root@Server01 ~]# **ip route show default**
default via 192.168.10.254 dev ens160 proto static metric 100
[root@Server01 ~]# **cat /etc/resolv.conf**
Generated by NetworkManager
search long60.cn
nameserver 192.168.10.1

2.4　拓展阅读：IPv4 和 IPv6

2019 年 11 月 26 日，是全球互联网发展历程中值得铭记的一天，一封来自欧洲网络协调中心（Reseaux IP Europeens Network Coordination，RIPE NCC）的邮件宣布全球 43 亿个 IPv4 地址正式耗尽，人类互联网跨入了"IPv6"时代。

全球 IPv4 地址耗尽到底是怎么回事？全球 IPv4 地址耗尽对我国有什么影响？该如何应对？

IPv4 又称互联网通信协议第四版，是网际协议开发过程中的第四个修订版本，也是此协议被广泛部署的第一个版本。IPv4 是互联网的核心，也是使用最广泛的网际协议版本。IPv4 使用 32 位（4B）地址，地址空间中只有 4 294 967 296 个地址。全球 IPv4 地址耗尽，意思就是全球联网的设备越来越多，"这一串数字"不够用了。IP 地址是分配给每个联网设备的一系列号码，每个 IP 地址都是独一无二的。由于 IPv4 中规定 IP 地址长度为 32 位，现在互联网的快速发展，使得目前 IPv4 地址已经告罄。IPv4 地址耗尽意味着不能将任何新的 IPv4 设备添加到互联网，目前各国已经开始积极布局 IPv6。

对于我国而言，在接下来的 IPv6 时代，我国存在着巨大机遇，其中我国推出的"雪人计划"（详见本书 7.4 节）就是一件益国益民的大事，这一计划将助力中华民族的伟大复兴，助力我国在互联网方面取得更多话语权和发展权。

2.5　项目实训：Linux 下的 TCP-IP 网络接口和远程管理配置

1．视频位置
实训前请扫描二维码观看"项目实录　配置 TCP-IP 网络接口"慕课。

2．项目实训目的

（1）掌握 Linux 中 TCP/IP 网络的设置方法。

（2）学会使用命令检测网络配置。

（3）学会启用和禁用系统服务。

（4）掌握 SSH 服务及其应用。

项目实录 配置 TCP-IP 网络接口

3．项目背景

（1）某企业新增了 Linux 服务器，但还没有配置 TCP/IP 网络参数，请设置好各项 TCP/IP 参数，并连通网络（使用不同的方法）。

（2）要求用户在多个配置文件中快速切换。在企业网络中使用笔记本计算机时，需要手动指定网络的 IP 地址，而回到家中则使用 DHCP 自动分配 IP 地址。

（3）通过 SSH 服务访问服务器，可以使用证书登录服务器，不需要输入服务器的用户名和密码。

（4）使用虚拟网络控制台（Virtual Network Console，VNC）服务访问远程主机，桌面端口号为 1。

4．项目实训内容

在 Linux 系统中练习 TCP/IP 网络设置和网络检测，创建实用的网络会话、SSH 服务和 VNC 服务。

5．做一做

根据项目实录视频进行项目的实训，检查学习效果。

2.6 练 习 题

一、填空题

1．_____文件主要用于设置基本的网络配置，包括主机名、网关等。

2．一块网卡对应一个配置文件，配置文件位于目录_____中，文件名以_____开始。

3．客户端的 DNS 服务器的 IP 地址由_____文件指定。

4．查看系统的守护进程可以使用_____命令。

5．只有处于_____模式的网卡设备才可以绑定网卡，否则网卡间无法互相传送数据。

二、选择题

1．（   ）命令能用来显示服务器当前正在监听的端口。

  A．ifconfig   B．netlst   C．iptables   D．netstat

2．文件（   ）存放机器名到 IP 地址的映射。

  A．/etc/hosts   B．/etc/host   C．/etc/host.equiv D．/etc/hdinit

3．Linux 系统提供了一些网络测试命令，当与某远程网络连接不上时，需要跟踪路由查看，以便了解网络的什么位置出现了问题。请从下面的命令中选出满足该目的的命令（   ）。

  A．ping   B．ifconfig   C．traceroute   D．netstat

4．拨号上网使用的协议通常是（   ）。

  A．PPP   B．UUCP   C．SLIP   D．Ethernet

三、补充表格

请将 nmcli 命令的含义在表 2-2 中补充完整。

表 2-2　nmcli 命令的含义

nmcli 命令	含义
	显示所有连接
	显示所有活动的连接状态
nmcli connection show "ens160"	
nmcli device status	
nmcli device show ens160	
	查看帮助

nmcli 命令	含义
	重新加载配置
nmcli connection down test2	
nmcli connection up test2	
	禁用 ens160 网卡
nmcli device connect ens160	

第二篇　系统管理

欲穷千里目，更上一层楼。

——[唐] 王之涣《登鹳雀楼》

项目 3　管理用户和组

Linux 是多用户多任务的网络操作系统，作为网络管理员，掌握用户和组的创建与管理至关重要。本项目主要介绍利用命令行和图形工具对用户和组进行创建与管理等内容。

- 了解用户和组配置文件。
- 熟练掌握 Linux 下用户的创建与维护管理。
- 熟练掌握 Linux 下组的创建与维护管理。
- 熟悉用户账户管理器的使用方法。

- 了解中国国家顶级域名 "CN"，了解中国互联网发展中的大事和大师，激发学生的自豪感。
- "古之立大事者，不惟有超世之才，亦必有坚忍不拔之志"，鞭策学生努力学习。

3.1　项目相关知识

Linux 操作系统是多用户多任务的操作系统，允许多个用户同时登录系统，使用系统资源。

3.1.1　理解用户账户和组

用户账户是用户的身份标识。用户通过用户账户可以登录系统，并访问已经被授权的资源。系统依据账户来区分属于每个用户的文件、进程、任务，并给每个用户提供特定的工作环境（如用户的工作目录、shell 版本以及图形化的环境配置等），使每个用户都能各自不受干扰地独立工作。

管理 Linux 服务器的
用户和组

Linux 操作系统下的用户账户分为两种：普通用户账户和超级用户账户（root）。普通用户账户在系统中只能进行普通工作，只能访问他们拥有的或者有权限执行的文件。超级用户账户也叫管理员账户，它的任务是对普通用户和整个系统进行管理。超级用户账户对系统具有绝对的控制权，能够对系统进行一切操作，如操作不当很容易造成系统损坏。

因此，即使系统只有一个用户使用，也应该在超级用户账户之外再建立一个普通用户账户，在用户进行普通工作时以普通用户账户登录系统。

在 Linux 操作系统中，为了方便管理员的管理和用户的工作，产生了组的概念。组是具有相同特性的用户的逻辑集合，使用组有利于系统管理员按照用户的特性组织和管理用户，提高工作效率。有了组，在进行资源授权时可以把权限赋予某个组，组中的成员即可自动获得这种权限。一个用户账户可以同时是多个组的成员，其中某个组是该用户的主组（私有组），其他组为该用户的附属组（标准组）。表 3-1 所示为用户和组的基本概念。

表 3-1 用户和组的基本概念

概念	描述
用户名	用于标识用户的名称，可以是字母、数字组成的字符串，区分大小写
密码	用于验证用户身份的特殊验证码
用户标识（User ID，UID）	用于表示用户的数字标识符
用户主目录	用户的私人目录，也是用户登录系统后默认所在的目录
登录 shell	用户登录后默认使用的 shell 程序，默认为/bin/bash
组	具有相同属性的用户属于同一个组
组标识（Group ID，GID）	用于表示组的数字标识符

root 用户的 UID 为 0；系统用户的 UID 为 1～999；普通用户的 UID 可以在创建时由管理员指定，如果不指定，则用户的 UID 默认从 1000 开始顺序编号。在 Linux 操作系统中，创建用户账户的同时也会创建一个与用户同名的组，该组是用户的主组。普通组的 GID 默认也从 1000 开始顺序编号。

3.1.2 理解用户账户文件

用户账户信息和组信息分别存储在用户账户文件和组文件中。

1. /etc/passwd 文件

准备工作：新建用户 bobby、user1、user2，将 user1 和 user2 加入 bobby 组（后文有详细解释）。

```
[root@Server01 ~]# useradd bobby; useradd user1; useradd user2
[root@Server01 ~]# usermod -G bobby user1
[root@Server01 ~]# usermod -G bobby user2
```

在 Linux 操作系统中，创建的用户账户及其相关信息（密码除外）均放在/etc/passwd 配置文件中。用 vim 编辑器（或者使用 cat/etc/passwd 命令）打开 passwd 文件，内容如下。

```
root:x:0:0:root:/root:/bin/bash
bin:x:1:1:bin:/bin:/sbin/nologin
daemon:x:2:2:daemon:/sbin:/sbin/nologin
user1:x:1002:1002::/home/user1:/bin/bash
```

文件中的每一行代表一个用户账户的资料，可以看到第一个用户是 root，然后是一些标准账户，此类账户的 shell 为/sbin/nologin，代表无本地登录权限，最后一行是由系统管理员创建的普通账户：user1。

passwd 文件的每一行用 “：” 分隔为 7 个字段，各个字段的内容如下。

用户名:加密口令:UID:GID:用户的描述信息:主目录:命令解释器（登录 shell）

passwd 文件字段说明如表 3-2 所示，其中少数字段的内容是可以为空的，但仍需使用 “：” 进行占位来表示该字段。

表 3-2   passwd 文件字段说明

字段	说明
用户名	用户账户名称，用户登录时使用的用户名
加密口令	用户口令，考虑系统的安全性，现在已经不使用该字段保存口令，而用字母"x"来填充该字段，真正的密码保存在 shadow 文件中
UID	用户标识，唯一表示某用户的数字标识
GID	用户所属的组标识，对应 group 文件中的 GID
用户的描述信息	可选的关于用户名、用户电话号码等描述性信息
主目录	用户的宿主目录，用户成功登录后的默认目录
命令解释器	用户使用的 shell，默认为"/bin/bash"

2．/etc/shadow 文件

由于所有用户对/etc/passwd 文件均有读取权限，所以为了增强系统的安全性，用户经过加密之后的口令都存放在/etc/shadow 文件中。/etc/shadow 文件只对 root 用户可读，因而大大提高了系统的安全性。shadow 文件的内容形式如下（使用 cat/etc/shadow 命令可查看整个文件）。

root:6.ogTGgxg60WtMR/w$xNVm8hVU1YVSjkKhtqGAkWgsDIvCuDOFgNl.0jec.myzm9tlZ3igOXgyX5UvGDvL8sptG8VNrKDsv8t0Qb0Pi/:18495:0:99999:7:::
bin:*:18199:0:99999:7:::
daemon:*:18199:0:99999:7:::
bobby:!!:18495:0:99999:7:::
user1:!!:18495:0:99999:7:::

shadow 文件保存经过加密之后的口令以及与口令相关的一系列信息，每个用户的信息在 shadow 文件中占一行，并且用":"分隔为 9 个字段，各字段的说明如表 3-3 所示。

表 3-3   shadow 文件字段说明

字段	说明
1	用户登录名
2	加密后的用户口令，"*"表示非登录用户，"!!"表示没设置密码
3	自 1970 年 1 月 1 日起，到用户最近一次口令被修改的天数
4	自 1970 年 1 月 1 日起，到用户可以更改密码的天数，即最短口令存活期
5	自 1970 年 1 月 1 日起，到用户必须更改密码的天数，即最长口令存活期
6	口令过期前几天提醒用户更改口令
7	口令过期后几天账户被禁用
8	口令被禁用的具体日期（相对日期，从 1970 年 1 月 1 日至禁用时的天数）
9	保留字段，用于功能扩展

3．/etc/login.defs 文件

建立用户账户时，会根据/etc/login.defs 文件的配置设置用户账户的某些选项。该配置文件的有效设置内容及中文注释如下。

MAIL_DIR   /var/spool/mail   //用户邮箱目录

```
MAIL_FILE          .mail
PASS_MAX_DAYS      99999              //账户密码最长有效天数
PASS_MIN_DAYS      0                  //账户密码最短有效天数
PASS_MIN_LEN       5                  //账户密码的最小长度
PASS_WARN_AGE      7                  //账户密码过期前提前警告的天数
UID_MIN            1000               //用 useradd 命令创建账户时自动产生的最小 UID 值
UID_MAX            60000              //用 useradd 命令创建账户时自动产生的最大 UID 值
GID_MIN            1000               //用 groupadd 命令创建组时自动产生的最小 GID 值
GID_MAX            60000              //用 groupadd 命令创建组时自动产生的最大 GID 值
USERDEL_CMD        /usr/sbin/userdel_local
//如果定义，将在删除用户时执行，以删除相应用户的计划作业和输出作业等
CREATE_HOME        yes                //创建用户账户时是否为用户创建主目录
```

3.1.3　理解组文件

组账户的信息存放在/etc/group 文件中，而关于组管理的信息（组口令、组管理员等）则存放在/etc/gshadow 文件中。

1. /etc/group 文件

group 文件位于/etc 目录，用于存放用户的组账户信息，对于该文件的内容，任何用户都可以读取。每个组账户在 group 文件中占一行，并且用"："分隔为 4 个字段。每一行各字段的内容如下（使用 cat　/etc/group 命令可以查看整个文件内容）。

组名称:组口令（一般为空，用 x 占位）:GID:组成员列表

group 文件的内容形式如下。

```
root:x:0:
bin:x:1:
daemon:x:2:
bobby:x:1001:user1,user2
user1:x:1002:
```

可以看出，root 的 GID 为 0，没有其他组成员。group 文件的组成员列表中如果有多个用户账户属于同一个组，则各成员之间以"，"分隔。在/etc/group 文件中，用户的主组并不把该用户作为成员列出，只有用户的附属组才会把该用户作为成员列出。例如，用户 bobby 的主组是 bobby，但/etc/group 文件中组 bobby 的成员列表中并没有用户 bobby，只有用户 user1 和 user2。

2. /etc/gshadow 文件

/etc/gshadow 文件用于存放组的加密口令、组管理员等信息，该文件只有 root 用户可以读取。每个组账户在 gshadow 文件中占一行，并以"："分隔为 4 个字段。每一行中各字段的内容如下。

组名称:加密后的组口令（没有就用!）:组的管理员:组成员列表

gshadow 文件的内容形式如下。

```
root:::
bin:::
daemon:::
bobby:!::user1,user2
user1:!::
```

3.2 项目设计与准备

服务器安装完成后，需要对用户账户和组、文件权限等内容进行管理。

在进行本项目的教学与实验前，需要做好如下准备。

（1）已经安装好的 RHEL 8。

（2）ISO 映像文件。

（3）VMware 15.5 以上虚拟机软件。

（4）设计教学或实验用的用户及权限列表。

管理 Linux 服务器的
用户和组

本项目的所有实例都在服务器 Server01 上完成。

3.3 项目实施

用户账户管理包括新建用户、设置用户账户口令和维护用户账户等内容。

任务 3-1 新建用户

在系统中新建用户可以使用 useradd 或者 adduser 命令。useradd 命令的格式如下。

```
useradd  [选项]  <username>
```

useradd 命令有很多选项，如表 3-4 所示。

表 3-4 useradd 命令选项

选项	说明
-c	用户的注释性信息
-d	指定用户的主目录
-e	禁用账户的日期，格式为 YYYY-MM-DD
-f	设置账户过期多少天后用户账户被禁用。如果为 0，账户过期后将立即被禁用；如果为 -1，账户过期后，将不被禁用，即永不过期
-g	用户所属主组的组名称或者 GID
-G	用户所属的附属组列表，多个组之间用","分隔
-m	若用户主目录不存在则创建它
-M	不要创建用户主目录
-n	不要创建用户私有组
-p	加密的口令
-r	创建 UID 小于 1000 的不带主目录的系统账号
-s	指定用户的登录 shell，默认为 /bin/bash
-u	指定用户的 UID，它必须是唯一的，且大于 999

【例 3-1】新建用户 user3，UID 为 1010，指定其所属的主组为 group1（group1 的标识符为 1010），用户的主目录为/home/user3，用户的 shell 为/bin/bash，用户的密码为 12345678，账

户永不过期。

```
[root@Server01 ~]# groupadd -g 1010   group1    //新建组 group1，其 GID 为 1010
[root@Server01 ~]# useradd -u 1010 -g 1010   -d /home/user3 -s /bin/bash -p 12345678 -f -1 user3
[root@Server01 ~]# tail -1 /etc/passwd
user3:x:1010:1010::/home/user3:/bin/bash
[root@Server01 ~]# grep user3 /etc/shadow      //grep 用于查找符合条件的字符串
user3:12345678:18495:0:99999:7:::              //这种方式下生成的密码是明文，即 12345678
```

如果新建用户已经存在，那么在执行 useradd 命令时，系统会提示该用户已经存在。

```
[root@Server01 ~]# useradd user3
useradd：用户 "user3" 已存在
```

任务 3-2　设置用户账户口令

1．passwd 命令

设置用户账户口令的命令是 passwd。超级用户可以为自己和其他用户设置口令，而普通用户只能为自己设置口令。passwd 命令的格式如下。

```
passwd　[选项]　[username]
```

passwd 命令的常用选项如表 3-5 所示。

表 3-5　passwd 命令的常用选项

选项	说明
-l	锁定（停用）用户账户
-u	口令解锁
-d	将用户账户口令设置为空，这与未设置口令的账户不同。未设置口令的账户无法登录系统，而口令为空的账户可以
-f	强迫用户下次登录时必须修改口令
-n	指定口令的最短存活期
-x	指定口令的最长存活期
-w	口令要到期前提前警告的天数
-i	口令过期后多少天停用账户
-S	显示账户口令的简短状态信息

【例 3-2】假设当前用户为 root，则下面的两个命令分别为 root 用户修改自己的口令和 root 用户修改 user1 用户的口令。

```
[root@Server01 ~]# passwd            //root 用户修改自己的口令，直接输入 passwd 命令
[root@Server01 ~]# passwd user1      //root 用户修改 user1 用户的口令
```

需要注意的是，普通用户修改口令时，passwd 命令会首先询问原来的口令，只有验证通过才可以修改。而 root 用户为用户指定口令时，不需要知道原来的口令。为了系统安全，用户应选择包含字母、数字和特殊符号组合的复杂口令，且口令长度应至少为 8 个字符。

如果密码复杂度不够，系统会提示"无效的密码：密码未通过字典检查-它基于字典单词"。这时有两种处理方法：一种方法是再次输入刚才输入的简单密码，系统也会接受；另一种方法是更改为符合要求的密码，例如，P@ssw02d 包含大小写字母、数字、特殊符号等 8 位字符组合。

2. chage 命令

chage 命令用于更改用户密码过期信息。chage 命令的常用选项如表 3-6 所示。

表 3-6　chage 命令的常用选项

选项	说明
-l	列出账户口令属性的各个数值
-m	指定口令最短存活期
-M	指定口令最长存活期
-W	口令要到期前提前警告的天数
-I	口令过期后多少天停用账户
-E	用户账户到期作废的日期
-d	设置口令上一次修改的日期

【例 3-3】设置 user1 用户的最短口令存活期为 6 天，最长口令存活期为 60 天，口令到期前 5 天提醒用户修改口令。设置完成后查看各属性值。

```
[root@Server01 ~]# chage -m 6 -M 60 -W 5 user1
[root@Server01 ~]# chage -l user1
最近一次密码修改时间            : 8 月  21, 2020
密码过期时间                    : 10 月  20, 2020
密码失效时间                    : 从不
账户过期时间                    : 从不
两次改变密码之间相距的最小天数  : 6
两次改变密码之间相距的最大天数  : 60
在密码过期之前警告的天数        : 5
```

任务 3-3　维护用户账户

1. 修改用户账户

管理员用 useradd 命令创建好账户之后，可以用 usermod 命令来修改 useradd 的设置。两者的用法几乎相同。例如要修改用户 user1 的主目录为/var/user1，把启动 Shell 修改为/bin/tcsh，可以用如下操作：

```
[root@Server01 ~]# usermod -d /var/user1 -s /bin/tcsh user1
[root@Server01 ~]# tail -l /etc/passwd
user1:x:1020:1015::/var/user1:/bin/tcsh
完成后恢复到初始状态。可以用如下操作：
[root@Server01~]# usermod-d/var/user1-s/bin/bashuser1
```

2. 禁用和恢复用户账户

有时需要临时禁用一个账户而不删除它。禁用用户账户可以用 passwd 或 usermod 命令实现，也可以直接修改/etc/passwd 或/etc/shadow 文件。

例如，暂时禁用和恢复 user1 账户，可以使用以下三种方法实现。

（1）使用 passwd 命令（被锁定用户的密码必须是使用 passwd 命令生成的）。使用 passwd 命令锁定 user1 账户，利用 grep 命令查看，可以看到被锁定的账户密码字段前面会加上"!!"。

```
[root@Server01 ~]# passwd user1                    //修改 user1 密码
更改用户 user1 的密码。
新的密码：
重新输入新的密码：
passwd：所有的身份验证令牌已经成功更新。
[root@Server01 ~]# grep user1 /etc/shadow          //查看用户 user1 的口令文件
user1:$6$OgsexIrQ01J5Gjkh$MIIyxgtA1nutGfbwXid6tVD8HlDBkjagaOqu7bEjQee/QAhpLPKq5v8OMTI0x
RkY3KMhzDJvvndOkaj2R3nn//:18495:6:60:5:::
[root@Server01 ~]# passwd -l user1                 //锁定用户 user1
锁定用户 user1 的密码。
passwd：操作成功
[root@Server01 ~]# grep user1 /etc/shadow          //查看锁定用户的口令文件，注意"!!"
user1:!!$6$OgsexIrQ01J5Gjkh$MIIyxgtA1nutGfbwXid6tVD8HlDBkjagaOqu7bEjQee/QAhpLPKq5v8OMTI
0xRkY3KMhzDJvvndOkaj2R3nn//:18495:6:60:5:::
[root@Server01 ~]# passwd -u user1                 //解除 user1 账户锁定，重新启用 user1 账户
```

（2）使用 usermod 命令。使用 usermod 命令锁定 user1 账户，利用 grep 命令查看，可以看到被锁定的账户密码字段前面会加上"!"。

```
[root@Server01 ~]# grep user1 /etc/shadow          //user1 账户锁定前的口令显示
user1:$6$OgsexIrQ01J5Gjkh$MIIyxgtA1nutGfbwXid6tVD8HlDBkjagaOqu7bEjQee/QAhpLPKq5v8OMTI0x
RkY3KMhzDJvvndOkaj2R3nn//:18495:6:60:5:::
[root@Server01 ~]# usermod -L user1                //锁定 user1 账户
[root@Server01 ~]# grep user1 /etc/shadow          //user1 账户锁定后的口令显示
user1:!$6$OgsexIrQ01J5Gjkh$MIIyxgtA1nutGfbwXid6tVD8HlDBkjagaOqu7bEjQee/QAhpLPKq5v8OMTI0
xRkY3KMhzDJvvndOkaj2R3nn//:18495:6:60:5:::
[root@Server01 ~]# usermod -U user1               //解除 user1 账户的锁定
```

（3）直接修改用户账户配置文件。可将/etc/passwd 文件或/etc/shadow 文件中关于 user1账户的 passwd 字段的第一个字符前面加上一个"*"，达到锁定账户的目的，在需要恢复的时候只要删除"*"即可。

如果只是禁止用户账户登录系统，可以将其启动 shell 设置为/bin/false 或者/dev/null。

3. 删除用户账户

要删除一个账户，可以直接删除/etc/passwd 和/etc/shadow 文件中要删除的用户对应的行，或者用 userdel 命令删除。userdel 命令的格式如下。

```
userdel  [-r]  用户名
```

如果不加-r 选项，则 userdel 命令会在系统中所有与账户有关的文件中（如/etc/passwd、/etc/shadow、/etc/group）将用户的信息全部删除。

如果加-r 选项，则在删除用户账户的同时，还将用户主目录及其下的所有文件和目录全部删除。另外，如果用户使用 E-mail，则同时也将/var/spool/mail 目录下的用户文件删掉。

任务 3-4 管理组

管理组包括创建和删除组、为组添加用户等内容。

1. 创建和删除组

创建组和删除组的命令与创建、维护用户账户的命令相似。创建组可以使用命令 groupadd 或者 addgroup。

例如，创建一个新的组，组的名称为 testgroup，可用以下命令。

```
[root@Server01 ~]# groupadd    testgroup
```

删除一个组可以用 groupdel 命令，例如，删除刚创建的 testgroup 组可用以下命令。

```
[root@Server01 ~]# groupdel testgroup
```

需要注意的是，如果要删除的组是某个用户的主组，则该组不能被删除。

修改组的命令是 groupmod，其命令格式如下。

```
groupmod  [选项]  组名
```

groupmod 命令选项如表 3-7 所示。

表 3-7　groupmod 命令选项

选项	说明
-g gid	把组的 GID 改为 gid
-n group-name	把组的名称改为 group-name
-o	强制接受更改的组的 GID 为重复的号码

2. 为组添加用户

在 RHEL 8 中使用不带任何参数的 useradd 命令创建用户时，会同时创建一个和用户账户同名的组，称为主组。当一个组中必须包含多个用户时，需要使用附属组。在附属组中增加、删除用户都用 gpasswd 命令。gpasswd 命令的格式如下。

```
gpasswd [选项] [用户] [组]
```

只有 root 用户和组管理员才能够使用 gpasswd 命令，gpasswd 命令选项如表 3-8 所示。

表 3-8　gpasswd 命令选项

选项	说明
-a	把用户加入组
-d	把用户从组中删除
-r	取消组的密码
-A	给组指派管理员

例如，要把 user1 用户加入 testgroup 组，并指派 user1 为管理员，可以执行下列命令。

```
[root@Server01 ~]# groupadd    testgroup
[root@Server01 ~]# gpasswd -a user1 testgroup
[root@Server01 ~]# gpasswd -A user1 testgroup
```

任务 3-5　运行 su 命令进行用户切换

Linux 操作系统提供了虚拟控制台功能，即在同一物理控制台实现多用户同时登录和同时使用该系统。用户可以充分利用这种功能进行用户切换。su 命令可以使用户方便地进行切换，不需要进行注销操作就可以完成用户切换。要升级为超级用户（root），只需在提示符$下输入 su，按屏幕提示输入超级用户的密码，即可切换成超级用户。

```
[root@Server01 ~]# whoami
root
```

```
[root@Server01 ~]# su user1          //root 用户转换为任何用户都不需要口令
[user1@Server01 root]$ whoami
user1
[user1@Server01 root]$ su root        //普通用户转换为任何用户都需要提供口令
密码：
[root@Server01 ~]# exit               //使用 exit 命令可退回到上一次使用 su 命令时的用户
exit
[user1@Server01 root]$ whoami
user1
[user1@Server01 root]$
```

提示：su 命令不指定用户名时将从当前用户转换为 root 用户，但需要输入 root 用户的口令。

su 和 su -命令在 Linux 系统中都可用于切换用户身份，但它们之间存在一些重要的区别。

（1）Shell 环境切换。su 命令只是简单地切换了用户身份，但 Shell 环境仍然是原用户的 Shell。这意味着，尽管你已经切换到了另一个用户，但你的工作环境（如环境变量、工作目录等）仍然是原用户的。而 su -命令则不同，它不仅切换了用户身份，还完全切换了 Shell 环境，包括环境变量、工作目录等，都会变为目标用户的环境。

（2）环境变量。由于 su -命令会启动一个完整的登录会话，因此它会加载目标用户的所有环境变量和配置文件。这意味着，通过 su -切换用户后，你会看到一个完全新的 Shell 会话，就像你以目标用户登录一样。而 su 命令则不会修改任何环境变量。

（3）工作目录。使用 su 命令切换用户后，工作目录仍然是原用户的工作目录。而使用 su -命令切换用户后，工作目录会变成目标用户的工作目录。

（4）配置文件读取。su 命令不会读取目标用户的环境配置文件，而 su -命令则会。

service 命令的使用：使用 su 命令切换到 root 用户后，你可能无法使用 service 命令。但是，使用 su -命令后，你就可以使用 service 命令了。

提示：su 命令主要用于快速切换用户，而 su -命令则用于完全以目标用户的身份启动一个新的 Shell 会话，包括环境变量、工作目录和配置文件等。在需要完全模拟目标用户环境的情况下，建议使用 su -命令。

任务 3-6　使用常用的账户管理命令

使用账户管理命令可以在非图形化操作中对账户进行有效的管理。

1. vipw 命令

vipw 命令用于直接对用户账户文件/etc/passwd 进行编辑，使用的默认编辑器是 vi。在用 vipw 命令对/etc/passwd 文件进行编辑时将自动锁定该文件，编辑结束后对该文件进行解锁，保证了文件的一致性。vipw 命令在功能上等同于"vi/etc/passwd"命令，但是比直接使用 vi 命令更安全。vipw 命令的格式如下。

```
[root@Server01 ~]# vipw
```

2. vigr 命令

vigr 命令用于直接对组文件/etc/group 进行编辑。在用 vigr 命令对/etc/group 文件进行编辑时将自动锁定该文件，编辑结束后对该文件进行解锁，保证了文件的一致性。vigr 命令在功能上等同于"vi/etc/group"命令，但是比直接使用 vi 命令更安全。vigr 命令的格式如下。

```
[root@Server01 ~]# vigr
```

3. pwck 命令

pwck 命令用于验证用户账户文件认证信息的完整性。该命令检测/etc/passwd 文件和/etc/shadow 文件每行中字段的格式和值是否正确。pwck 命令的格式如下。

```
[root@Server01 ~]# pwck
```

4. grpck 命令

grpck 命令用于验证组文件认证信息的完整性。该命令可检测/etc/group 文件和/etc/gshadow 文件每行中字段的格式和值是否正确。grpck 命令的格式如下。

```
[root@Server01 ~]# grpck
```

5. id 命令

id 命令用于显示一个用户的 UID 和 GID 以及用户所属的组列表。在命令行输入"id"并直接按 Enter 键将显示当前用户的 ID 信息。id 命令的格式如下。

```
id  [选项] 用户名
```

例如，显示 user1 用户的 UID、GID 信息的实例如下所示。

```
[root@Server01 ~]# id    user1
uid=8888(user1) gid=1002(user1) 组=1002(user1),1011(testgroup),0(root)
```

6. whoami 命令

whoami 命令用于显示当前用户的名称。whoami 命令与"id -un"命令的作用相同，应用实例如下。

```
[root@Server01 ~]# su -     user1
[user1@Server01 ~]$ whoami
User1
[root@Server01 ~]# exit
```

7. newgrp 命令

newgrp 命令用于转换用户的当前组到指定的主组，对于没有设置组口令的组账户，只有组的成员才可以使用 newgrp 命令改变主组身份到该组。如果组设置了口令，则其他组的用户只要拥有组口令就可以将主组身份改变到该组。应用实例如下。

```
[root@Server01 ~]# id                          //显示当前用户的 gid
uid=0(root) gid=0(root) 组=0(root) 环境
=unconfined_u:unconfined_r:unconfined_t:s0-s0:c0.c1023
[root@Server01 ~]# newgrp group1          //改变用户的主组
[root@Server01 ~]# id
uid=0(root) gid=1010(group1) 组=1010(group1) 环境=
unconfined_u:unconfined_r:unconfined_t:s0-s0:c0.c1023
[root@Server01 ~]# newgrp                    //newgrp 命令不指定组时转换为用户的主组
[root@Server01 ~]# id
uid=0(root) gid=0(root) 组=0(root),1010(group1) 环境=
unconfined_u:unconfined_r:unconfined_t:s0-s0:c0.c1023
```

使用 groups 命令可以列出指定用户的组。例如：

```
[root@Server01 ~]# whoami
root
[root@Server01 ~]# groups
root group1
```

3.4 拓展阅读：中国国家顶级域名 "CN"

知道我国是在哪一年真正拥有了互联网的吗？中国国家顶级域名 "CN" 服务器是哪一年完成设置的呢？

1994 年 4 月 20 日，一条 64Kbit/s 的国际专线从中国科学院计算机网络信息中心通过美国 Sprint 公司连入互联网，实现了中国与互联网的全功能连接，从此我国被国际上正式承认为真正拥有全功能互联网的国家。此事被我国新闻界评为 1994 年我国十大科技新闻之一，被国家统计公报列为我国 1994 年重大科技成就之一。

1994 年 5 月 21 日，在钱天白教授和德国卡尔斯鲁厄大学的协助下，中国科学院计算机网络信息中心完成了中国国家顶级域名 CN 服务器的设置，改变了我国的顶级域名 CN 服务器一直放在国外的历史。钱天白、钱华林分别担任中国国家顶级域名 CN 的行政联络员和技术联络员。

3.5 项目实训：管理用户和组

1. 视频位置
实训前请扫描二维码，观看"项目实录 管理用户和组"慕课。

2. 项目实训目的

（1）熟悉 Linux 用户的访问权限。

项目实录 管理用户和组

（2）掌握在 Linux 操作系统中增加、修改、删除用户或组的方法。

（3）掌握用户账户管理及安全管理。

3. 项目背景
某公司有 60 名员工，分别在 5 个部门工作，每个人的工作内容不同。需要在服务器上为每个人创建不同的账户，把相同部门的用户放在一个组中，每个用户都有自己的工作目录。另外，需要根据工作性质对每个部门和每个用户在服务器上的可用空间进行限制。

4. 项目要求
练习设置用户的访问权限，练习账户的创建、修改、删除。

5. 做一做
根据项目实录视频进行项目实训，检查学习效果。

3.6 练 习 题

一、填空题

1. Linux 操作系统是_____的操作系统，它允许多个用户同时登录到系统，使用系统资源。

2．Linux 操作系统下的用户账户分为两种：_____和_____。

3．root 用户的 UID 为_____，普通用户的 UID 可以在创建时由管理员指定，如果不指定，则用户的 UID 默认从_____开始顺序编号。

4．在 Linux 操作系统中，创建用户账户的同时也会创建一个与用户同名的组，该组是用户的_____。普通组的 GID 默认也从_____开始顺序编号。

5．一个用户账户可以同时是多个组的成员，其中某个组是该用户的_____（私有组），其他组为该用户的_____（标准组）。

6．在 Linux 操作系统中，所创建的用户账户及其相关信息（密码除外）均放在_____配置文件中。

7．由于所有用户对/etc/passwd 文件均有_____权限，所以为了增强系统的安全性，用户经过加密之后的口令都存放在_____文件中。

8．组账户的信息存放在_____文件中，而关于组管理的信息（组口令、组管理员等）则存放在_____文件中。

二、选择题

1．（   ）目录存放用户密码信息。
  A．/etc
  B．/var
  C．/dev
  D．/boot

2．创建 UID 是 1200、GID 是 1100、用户主目录为/home/user01 的用户的正确命令为（   ）。
  A．useradd -u:1200 -g:1100 -h:/home/user01 user01
  B．useradd -u=1200 -g=1100 -d=/home/user01 user01
  C．useradd -u 1200 -g 1100 -d /home/user01 user01
  D．useradd –u 1200 -g 1100 -h /home/user01 user01

3．用户登录系统后首先进入（   ）。
  A．/home
  B．/root 的主目录
  C．/usr
  D．用户自己的家目录

4．在使用了 shadow 口令的系统中，/etc/passwd 和/etc/shadow 两个文件的权限正确的是（   ）。
  A．-rw-r----- , -r--------
  B．-rw-r--r-- , -r--r--r—
  C．-rw-r--r-- , -r--------
  D．-rw-r--rw- , -r-----r—

5．（   ）可以删除一个用户并同时删除用户的主目录。
  A．rmuser -r
  B．deluser -r
  C．userdel -r
  D．usermgr -r

6．系统管理员应该采用的安全措施有（   ）。
  A．把 root 密码告诉每一位用户
  B．设置 telnet 服务来提供远程系统维护
  C．经常检测账户数量、内存信息和磁盘信息
  D．当员工辞职后，立即删除该用户账户

7. 在/etc/group 文件中有一行 students::600:z3,14,w5，这表示有（   ）个用户在 students 组里。

    A．3   B．4   C．5   D．不知道

8. 命令（   ）可以用来检测用户 lisa 的信息。

    A．finger lisa   B．grep lisa /etc/passwd

    C．find lisa /etc/passwd   D．who lisa

项目 4　管理文件系统与磁盘

Linux 系统的网络管理员需要学习 Linux 文件系统和磁盘管理。尤其对于初学者来说，文件的权限与属性是学习 Linux 的一个相当重要的关卡，如果没有这部分的知识储备，那么遇到"Permission deny"的错误提示时将会一筹莫展。

- 了解掌握 Linux 文件系统结构和文件权限管理。
- 了解掌握 Linux 下的磁盘和文件系统管理工具。
- 了解掌握 Linux 下的软 RAID 和 LVM 逻辑卷管理器。
- 了解掌握磁盘配额。

- 了解"计算机界的诺贝尔奖"——图灵奖，了解华人科学家姚期智，激发学生的求知欲，从而唤醒学生沉睡的潜能。
- "观众器者为良匠，观众病者为良医。""为学日益，为道日损。"青年学生要多动手、多动脑，只有多实践，多积累，才能提高技艺，也才能成为优秀的"工匠"。

4.1　项目相关知识

文件系统（file system）是操作系统中用于数据存储和管理的关键组件。它不仅是磁盘上按照特定格式组织的一块区域，更是一套复杂的用于管理文件和目录的规则和算法集合。通过文件系统，操作系统能够在存储设备上有效地保存、检索、更新和删除文件。

4.1　项目相关知识

Linux 的文件系统

文件系统（File System）是操作系统中用于数据存储和管理的关键组件。它不仅是磁盘上按照特定格式组织的一块区域，更是一套复杂的用于管理文件和目录的规则和算法集合。通过文件系统，操作系统能够在存储设备上有效地保存、检索、更新和删除文件。

4.1.1　认识文件系统

不同的操作系统需要使用不同的文件系统，为了与其他操作系统兼容，通常操作系统都支持很多种类型的文件系统。例如 Windows 2003 操作系统，推荐使用的文件系统是 NTFS，但同时兼容 FAT 等其他文件系统。

Linux 系统使用 ext2/ext3/ext4、xfs 文件系统。在 Linux 系统中，存储数据的各种设备都属于块设备。对于磁盘设备，通常在 0 磁道第一个扇区上存放引导信息，称为主引导记录（MBR），该扇区不属于任何一个分区，每个分区包含许多数据块，可以认为是一系列块组的集合。在磁盘分区上建立 ext2/ext3/ext4 文件系统后，每个块组的结构如图 4-1 所示。

超级块	块组描述符	块位图	索引节点位图	索引节点表	数据块

图 4-1　ext 文件系统结构

ext 文件系统结构的核心组成部分是超级块、索引节点表和数据块。超级块和块组描述符中包含关于该块组的整体信息，例如索引节点的总数和使用情况、数据块的总数和使用情况以及文件系统状态等。每一个索引节点都有一个唯一编号，并且对应一个文件，它包含了针对某个具体文件的几乎全部信息，例如文件的存取权限、拥有者、建立时间以及对应的数据块地址等，但不包含文件名称。在目录文件中包含文件名称以及此文件的索引节点号。索引节点指向特定的数据块，数据块是真正存储文件内容的地方。

Red Hat Linux 是一种兼容性很强的操作系统，它能够支持多种文件系统，要想了解其支持的文件系统类型，在 Red Hat Enterprise Linux 5.0 中通过命令"ls /lib/modules/2.6.18-155.el5/kernel/fs"可以查看 Linux 系统所支持的文件系统类型。注意，上面命令中"2.6.18-155.el5"根据不同版本会略有不同。下面介绍几种常用的文件系统。

1. ext 文件系统

ext 文件系统在 1992 年 4 月完成。称为扩展文件系统，是第一个专门针对 Linux 操作系统的文件系统。ext 文件系统对 Linux 的发展发挥了重要作用，但是在性能和兼容性方面有很多缺陷，现在已很少使用。

2. ext2、ext3 文件系统

ext2 文件系统是为解决 ext 文件系统的缺陷而设计的可扩展的高性能文件系统，也被称为二级扩展文件系统。ext2 文件系统是在 1993 年发布的，设计者是 Rey Card。它在速度和 CPU 利用率上都有突出优势，是 GNU/Linux 系统中标准的文件系统，支持 256 个字节的长文件名，文件存取性能很好。

ext3 是 ext2 的升级版本，兼容 ext2。ext3 文件系统在 ext2 的基础上增加了文件系统日志记录功能，被称为日志式文件系统。该文件系统在系统因出现异常断电等事件而停机重启后，操作系统会根据文件系统的日志快速检测并恢复文件系统到正常的状态，可以加快系统的恢复时间，提高数据的安全性。

ext3 其实只是在 ext2 的基础上增加了一个日志功能，而 ext4 的变化可以说是翻天覆地的，比如向下兼容 ext3、最大 1EB 文件系统和 16TB 文件、无限数量子目录、Extents 连续数据块概念、多块分配、延迟分配、持久预分配、快速 FSCK、日志校验、无日志模式、在线碎片整理、inode 增强、默认启用 barrier 等。

3. ext4 文件系统

从 Red Hat Linux 7.2 版本开始，默认使用的文件系统格式就是 ext3。日志文件系统是目前 Linux 文件系统发展的方向，除了 ext3 之外，还有 reiserfs 和 jfs 等常用的日志文件系统。从 2.6.28 版本开始，Linux Kernel 开始正式支持新的文件系统 ext4，在 ext3 的基础上增加了大量新功能和特性，并能提供更佳的性能和可靠性。

作为 Ext3 的直接升级，Ext4 增加了许多改进，如支持更大的单个文件大小和总体文件系统容量（最高 1EB），无限数量的子目录，以及更高效的数据块分配策略。Ext4 现在被广泛认为是 Linux 中最通用的文件系统之一。

4. xfs 文件系统

作为高性能的日志文件系统，XFS 特别适合处理大型文件和并行 I/O 操作，支持的最大存储容量为 18EB。XFS 能够在系统崩溃后快速恢复，保证数据的一致性和完整性。

5. swap 文件系统

swap 文件系统是 Linux 的交换分区所采用的文件系统。在 Linux 中使用交换分区管理内存的虚拟交换空间。一般交换分区的大小设置为系统物理内存的 2 倍。在安装 Linux 操作系统时，必须建立交换分区，并且其文件系统类型必须为 swap。交换分区由操作系统自行管理。

6. vfat 文件系统

vfat 文件系统是 Linux 下对 DOS、Windows 操作系统下的 FAT16 和 FAT32 文件系统的统称。Red Hat Linux 支持 FAT16 和 FAT32 格式的分区，也可以创建和管理 FAT 分区。

7. NFS 文件系统

NFS 即网络文件系统，用于 UNIX 系统间通过网络进行文件共享，用户可以把网络中 NFS 服务器提供的共享目录挂载到本地目录下，可以像访问本地文件系统中的内容一样访问 NFS 文件系统中的内容。

8. ISO 9660 文件系统

ISO 9660 是光盘所使用的标准文件系统，Linux 系统对该文件系统有很好的支持，不仅能读取光盘中的内容而且还可以支持光盘刻录功能。

4.1.2 理解 Linux 文件系统目录结构

Linux 的文件系统是采用阶层式的树状目录结构，在该结构中的最上层是根目录"/"，然后在根目录下再建立其他的目录。虽然目录的名称可以定制，但是有某些特殊的目录名称包含重要的功能，因此不能随便将它们改名以免造成系统的错误。

在 Linux 安装时，系统会建立一些默认的目录，而每个目录都有其特殊的功能，表 4-1 是这些目录的简介。

表 4-1　Linux 中的默认目录功能

目录	说明
/	Linux 文件的最上层根目录
/bin	Binary 的缩写，存放用户的可运行程序，如 ls、cp 等，也包含其他 Shell，如 bash 和 cs 等
/boot	该目录存放操作系统启动时所需的文件及系统的内核文件
/dev	接口设备文件目录，如 hda 表示第一个 IDE 硬盘
/etc	该目录存放有关系统设置与管理的文件
/etc/X11	该目录是 X-Window System 的设置目录
/home	普通用户的主目录，或 FTP 站点目录
/lib	仅包含运行/bin 和/sbin 目录中的二进制文件时，所需的共享函数库（library）
/mnt	各项设备的文件系统安装（Mount）点

续表

目录	说明
/media	光盘、软盘等设备的挂载点
/opt	第三方应用程序的安装目录
/proc	目前系统内核与程序运行的信息，和使用 ps 命令看到的内容相同
/root	超级用户的主目录
/sbin	System Binary 的缩写，该目录存入的是系统启动时所需运行的程序，如 lilo 和 swapon 等
/tmp	临时文件的存放位置
/usr	存入用户使用的系统命令和应用程序等信息
/var	Variable 的缩写，具有变动性质的相关程序目录，如 log、spool 和 named 等

4.1.3 理解绝对路径与相对路径

了解绝对路径与相对路径的概念。

● 绝对路径：由根目录（/）开始写起的文件名或目录名称，例如/home/dmtsai/basher。
● 相对路径：相对于目前路径的文件名写法。例如./home/dmtsai 或../../home/dmtsai/等。

技巧：开头不是"/"的就属于相对路径的写法。

相对路径是以当前所在路径的相对位置来表示的。举例来说，目前在/home 这个目录下，如果想要进入/var/log 这个目录时，可以怎么写呢？有两种方法。

● cd   /var/log   （绝对路径）
● cd   ../var/log   （相对路径）

因为目前在/home 下，所以要回到上一层（../），才能进入/var/log 目录。特别注意两个特殊的目录。

● . ：代表当前的目录，也可以使用./来表示。
● .. ：代表上一层目录，也可以用../来代表。

这个.和..目录的概念是很重要的，常常看到的 cd ..或./command 之类的指令表达方式，就是代表上一层与目前所在目录的工作状态。

4.2 项目设计与准备

配置与管理文件系统

在进行本项目的教学与实验前，需要做好如下准备。

（1）已经安装好的 RHEL 8。
（2）RHEL 8 安装光盘或 ISO 映像文件。
（3）设计教学或实验用的用户及权限列表。

本项目的所有实例都在服务器 Server01 上完成。

4.3 项 目 实 施

文件是操作系统用来存储信息的基本结构，是一组信息的集合。文件通过文件名来唯一标识。Linux 中的文件名称最长允许 255 个字符，这些字符可用 A~Z、0~9、.、_、-等符号表示。

任务 4-1　管理 Linux 文件权限

在 Linux 中的每一个文件或目录都包含有访问权限，这些访问权限决定了谁能访问和如何访问这些文件和目录。

1. 认识文件和文件权限

与其他操作系统相比，Linux 最大的不同点是没有"扩展名"的概念，也就是说文件的名称和该文件的种类并没有直接的关联，例如，sample.txt 可能是一个运行文件，而 sample.exe 也有可能是文本文件，甚至可以不使用扩展名。Linux 文件名区分大小写。例如，sample.txt、Sample.txt、SAMPLE.txt、samplE.txt 在 Linux 系统中代表不同的文件，但在 DOS 和 Windows 平台却是指同一个文件。在 Linux 系统中，如果文件名以"."开始，表示该文件为隐藏文件，需要使用 ls -a 命令才能显示。

通过设定权限可以用以下 3 种访问方式限制访问权限：只允许用户自己访问；允许一个预先指定的用户组中的用户访问；允许系统中的任何用户访问。同时，用户能够控制一个给定的文件或目录的访问程度。一个文件或目录可能有读、写及执行权限。当创建一个文件时，系统会自动赋予文件所有者读和写的权限，这样可以允许文件所有者查看文件内容和修改文件。文件所有者可以将这些权限改变为任何他想指定的权限。一个文件也许只有读权限，禁止任何修改。文件也可能只有执行权限，允许它像一个程序一样执行。

3 种不同的用户类型能够访问一个目录或者文件：所有者、用户组或其他用户。所有者是创建文件的用户，文件的所有者能够授予所在用户组的其他成员及系统中除所属组之外的其他用户的文件访问权限。

每一个用户针对系统中的所有文件都有它自身的读、写和执行权限。第一套权限控制访问自己的文件权限，即所有者权限。第二套权限控制用户组访问其中一个用户的文件的权限。第三套权限控制其他所有用户访问一个用户的文件的权限。这三套权限赋予用户不同类型（即所有者、用户组和其他用户）的读、写及执行权限，就构成了一个有 9 种类型的权限组。

可以用 ls -l 或者 ll 命令显示文件的详细信息，其中包括权限，如下所示。

```
[root@Server01 ~]# ll
total 84
drwxr-xr-x    2 root root   4096    Aug    9    15:03  Desktop
-rw-r--r--    1 root root   1421    Aug    9    14:15  anaconda-ks.cfg
-rw-r--r--    1 root root   830     Aug    9    14:09  firstboot.1186639760.25
-rw-r--r--    1 root root   45592   Aug    9    14:15  install.log
-rw-r--r--    1 root root   6107    Aug    9    14:15  install.log.syslog
drwxr-xr-x    2 root root   4096    Sep    1    13:54  webmin
```

在上面的显示结果中，从第二行开始，每一行的第一个字符一般用来区分文件的类型，一般取值为 d、-、l、b、c、s、p。具体含义如下。

- d：表示该文件是一个目录，在 ext 文件系统中目录也是一种特殊的文件。
- -：表示该文件是一个普通的文件。
- l：表示该文件是一个符号链接文件，实际上它指向另一个文件。

- b、c：分别表示该文件为区块设备或其他的外围设备文件，是特殊类型的文件。
- s、p：分别表示这些文件关系到系统的数据结构和管道，通常很少见到。

下面详细介绍权限的种类和设置权限的方法。

2．认识一般权限

在上面的显示结果中，每一行的第 2～10 个字符表示文件的访问权限。这 9 个字符每 3 个为一组，左边 3 个字符表示所有者权限，中间 3 个字符表示与所有者同一组的用户的权限，右边 3 个字符是其他用户的权限。字符表示的意义如下。

（1）字符 2、3、4 表示该文件所有者的权限，有时也简称为 u（user）的权限。

（2）字符 5、6、7 表示该文件所有者所属组的组成员的权限，简称为 g（group）的权限。例如，此文件所有者属于 user 组，该组中有 6 个成员，表示这 6 个成员都有此处指定的权限。

（3）字符 8、9、10 表示该文件所有者所属组以外的权限，简称为 o（other）的权限。

这 9 个字符根据权限种类的不同，也分为以下 3 种类型。

（1）r（read，读取）：对文件而言，具有读取文件内容的权限；对目录来说，具有浏览目录的权限。

（2）w（write，写入）：对文件而言，具有新增、修改文件内容的权限；对目录来说，具有删除、移动目录内文件的权限。

（3）x（execute，执行）：对文件而言，具有执行文件的权限；对目录来说，具有进入目录的权限。

-表示不具有该项权限。

下面举例说明。

- brwxr--r--：该文件是块设备文件，文件所有者具有读、写与执行的权限，其他用户则具有读取的权限。
- -rw-rw-r-x：该文件是普通文件，文件所有者与同组用户对文件具有读写的权限，而其他用户仅具有读取和执行的权限。
- drwx--x--x：该文件是目录文件，目录所有者具有读写与进入目录的权限，其他用户能进入该目录，却无法读取任何数据。
- lrwxrwxrwx：该文件是符号链接文件，文件所有者、同组用户和其他用户对该文件都具有读、写和执行权限。

每个用户都拥有自己的主目录，通常在/home 目录下，这些主目录的默认权限为 rwx------；执行 mkdir 命令所创建的目录，其默认权限为 rwxr-xr-x，用户可以根据需要修改目录的权限。

此外，默认的权限可用 umask 命令修改，用法非常简单，只需执行 umask 777 命令，便代表屏蔽所有的权限，因而之后建立的文件或目录，其权限都变成 000，以此类推。通常 root 账号搭配 umask 命令的数值为 022、027 和 077，普通用户则采用 002，这样所产生的默认权限依次为 755、750、700、775。有关权限的数字表示法，后面将会详细说明。

用户登录系统时，用户环境就会自动执行 rmask 命令来决定文件、目录的默认权限。

3．认识特殊权限

文件与目录设置还有特殊权限。由于特殊权限会拥有一些"特权"，所以用户若无特殊需求，不应该启用这些权限，避免安全方面出现严重漏洞，造成黑客入侵，甚至摧毁系统。

4. s 或 S（SUID，Set UID）

可执行的文件搭配这个权限，便能得到特权，任意存取该文件的所有者能使用的全部系统资源。请注意具备 SUID 权限的文件，黑客经常利用这种权限，以 SUID 配上 root 账号拥有者，无声无息地在系统中开扇后门，供日后进出使用。

5. s 或 S（SGID，Set GID）

SGID 设置在文件上面，其效果与 SUID 相同，只不过将文件所有者换成用户组，该文件就可以任意存取整个用户组所能使用的系统资源。

6. t 或 T（Sticky）

/tmp 和 /var/tmp 目录供所有用户暂时存取文件，即每位用户皆拥有完整的权限进入该目录，去浏览、删除和移动文件。

因为 SUID、SGID、Sticky 占用 x 的位置来表示，所以在表示上会有大小写之分。假如同时开启执行权限和 SUID、SGID、Sticky，则权限表示字符是小写的：

-rwsr-sr-t 1 root root 4096 6 月 23 08：17 conf

如果关闭执行权限，则权限表示字符是大写的：

-rwSr-Sr-T 1 root root 4096 6 月 23 08：17 conf

7. 修改文件权限

在文件建立时系统会自动设置权限，如果这些默认权限无法满足需要，可以使用 chmod 命令来修改权限。通常在修改权限时可以用两种方式来表示权限类型：数字表示法和文字表示法。

chmod 命令的格式如下。

chmod　　选项　　文件

（1）以数字表示法修改权限。数字表示法是指将读取（r）、写入（w）和执行（x）分别以 4、2、1 来表示，没有授予的部分就表示为 0，然后把所授予的权限相加而成。表 4-2 所示是几个示范的例子。

表 4-2　以数字表示法修改权限的例子

原始权限	转换为数字			数字表示法
rwxrwxr-x	（421）	（421）	（401）	775
rwxr-xr-x	（421）	（401）	（401）	755
rw-rw-r--	（420）	（420）	（400）	664
rw-r--r--	（420）	（400）	（400）	644

例如，为文件/yy/file 设置权限：赋予所有者和组成员读取和写入的权限，而其他人只有读取权限。则应该将权限设为 rw-rw-r--，而该权限的数字表示法为 664，因此可以输入下面的命令来设置权限。

```
[root@Server01 ~]# mkdir /yy
[root@Server01 ~]# cd /yy
[root@Server01 yy]# touch file
[root@Server01 yy]# chmod 664 file
[root@Server01 yy]# ll
总用量 0
-rw-r--r--. 1 root root 0 10 月    3 21:43 file
```

（2）以文字表示法修改访问权限。使用权限的文字表示法时，系统用下面 4 个字母来表示不同的用户。

- u: user，表示所有者。
- g: group，表示属组。
- o: others，表示其他用户。
- a: all，表示以上 3 种用户。

操作权限使用下面 3 种字符的组合表示法。

- r: read，读取。
- w: write，写入。
- x: execute，执行。

操作符号包括以下 3 种。

- ＋：添加某种权限。
- -: 减去某种权限。
- ＝：赋予给定权限并取消原来的权限。

以文字表示法修改文件权限时，上例中的权限设置命令应该修改如下。

```
[root@Server01 yy]# chmod u=rw,g=rw,o=r /yy/file
```

修改目录权限和修改文件权限相同，都是使用 chmod 命令，但不同的是，要使用通配符 "*" 来表示目录中的所有文件。

例如，要同时将/yy 目录中的所有文件权限设置为所有人都可读取及写入，应该使用下面的命令。

```
[root@Server01 yy]# chmod a=rw /yy/*
//或者
[root@Server01 yy]# chmod 666 /yy/*
```

如果目录中包含其他子目录，则必须使用-R（Recursive）参数来同时设置所有文件及子目录的权限。

利用 chmod 命令也可以修改文件的特殊权限。

例如，要设置文件/yy/file 的 SUID 权限的方法如下。

```
[root@Server01 yy]# chmod u+s /yy/file
[root@Server01 yy]# ll
总用量  0
-rwSrw-rw-. 1 root root 0 10 月   3 21:43 file
```

特殊权限也可以采用数字表示法。SUID、SGID 和 Sticky 权限分别为 4、2 和 1。使用 chmod 命令设置文件权限时，可以在普通权限的数字前面加上一位数字来表示特殊权限。例如：

```
[root@Server01 yy]# chmod 6664 /yy/file
[root@Server01 yy]# ll /yy
总用量  0
-rwSrwSr--. 1 root root 0 10 月   3 21:43 file
```

8．修改文件所有者与属组

要修改文件的所有者可以使用 chown 命令。chown 命令格式如下所示。

```
chown  选项  用户和属组  文件列表
```

用户和属组可以是名称也可以是 UID 或 GID。多个文件之间用空格分隔。

例如，要把/yy/file 文件的所有者修改为 test 用户，命令如下所示。

```
[root@Server01 yy]# chown test /yy/file
[root@Server01 yy]# ll
总计 22
-rw-rwSr--   1 test root 22 11-27 11:42 file
```

chown 命令可以同时修改文件的所有者和属组，用"："分隔。

例如，将/yy/file 文件的所有者和属组都改为 test 的命令如下所示。

```
[root@Server01 yy]# chown test:test /yy/file
```

如果只修改文件的属组可以使用下列命令。

```
[root@Server01 yy]# chown :test /yy/file
```

修改文件的属组也可以使用 chgrp 命令。命令范例如下所示。

```
[root@Server01 yy]# chgrp test /yy/file
```

任务 4-2　常用磁盘管理工具

在 Linux 系统安装时，其中有一个步骤是进行磁盘分区。可以采用 Disk Druid、RAID 和 LVM 等方式进行分区。除此之外，在 Linux 系统中还有 fdisk、cfdisk、parted 等分区工具。本节将介绍几种常见的磁盘管理相关内容。

注意： 下面所有的命令，都以新增一块 SCSI 硬盘为前提，新增的硬盘为/dev/sdb。请在开始本任务前在虚拟机中增加该硬盘，然后启动系统。

1. fdisk

fdisk 磁盘分区工具在 DOS、Windows 和 Linux 中都有相应的应用程序。在 Linux 系统中，fdisk 是基于菜单的命令。用 fdisk 对硬盘进行分区，可以在 fdisk 命令后面直接加上要分区的硬盘作为参数，例如，对新增加的第二块 SCSI 硬盘进行分区的操作如下所示。

```
[root@Server01 ~]# fdisk /dev/sdb
Command （m for help）：
```

在 command 提示后面输入相应的命令来选择需要的操作，输入 m 命令是列出所有可用命令。表 4-3 所示是 fdisk 命令选项。

表 4-3　fdisk 命令选项

命令	功能	命令	功能
a	调整硬盘启动分区	q	不保存更改，退出 fdisk 命令
d	删除硬盘分区	t	更改分区类型
l	列出所有支持的分区类型	u	切换所显示的分区大小的单位
m	列出所有命令	w	把修改写入硬盘分区表，然后退出
n	创建新分区	x	列出高级选项
p	列出硬盘分区表		

下面以在/dev/sdb 硬盘上创建大小为 500MB、文件系统类型为 ext3 的/dev/sdb1 主分区为例，讲解 fdisk 命令的用法。

（1）利用如下命令，打开 fdisk 操作菜单。

```
[root@Server01 ~]# fdisk /dev/sdb
Command （m for help）:
```

（2）输入 p，查看当前分区表。从命令执行结果可以看到，/dev/sdb 硬盘并无任何分区。

```
//利用 p 命令查看当前分区表
Command （m for help）: p
Disk /dev/sdb: 1073 MB, 1073741824 bytes
255 heads, 63 sectors/track, 130 cylinders
Units = cylinders of 16065 * 512 = 8225280 bytes
    Device Boot        Start        End      Blocks    Id   System
Command （m for help）:
```

以上显示了/dev/sdb 的参数和分区情况。/dev/sdb 大小为 1073MB，磁盘有 255 个磁头、130
个柱面，每个柱面有 63 个扇区。从第 4 行开始是分区情况，依次是分区名、是否为启动分区、
起始柱面、终止柱面、分区的总块数、分区 ID、文件系统类型。例如，下表所示的/dev/sda1 分
区是启动分区（带有*号）。其起始柱面是 1，终止柱面为 12，分区大小是 96358 块（每块的大
小是 1024 个字节，即总共有 100MB 左右的空间）。每个柱面的扇区数等于磁头数乘以每个柱扇区
数，每两个扇区为 1 块，因此分区的块数等于分区占用的总柱面数乘以磁头数，再乘以每个柱面
的扇区数后除以 2。例如：/dev/sda2 的总块数=（终止柱面 45-起始柱面 13）×255×63/2=257040。

```
[root@Server01 ~]# fdisk /dev/sda
Command （m for help）: p
Disk /dev/sda: 6442 MB, 6442450944 bytes
255 heads, 63 sectors/track, 783 cylinders
Units = cylinders of 16065 * 512 = 8225280 bytes
Device      Boot      Start      End       Blocks     Id   System
/dev/sda1    *          1         12       96358+     83   Linux
/dev/sda2              13         44       257040     82   Linux swap
/dev/sda3              45        783      5936017+    83   Linux
```

（3）输入 n，创建一个新分区。输入 p，选择创建主分区（创建扩展分区输入 e，创建逻
辑分区输入 l）；输入数字 1，创建第一个主分区（主分区和扩展分区可选数字为 1~4，逻辑分
区的数字标识从 5 开始）；输入此分区的起始、结束扇区，以确定当前分区的大小。也可以使
用+sizeM 或者+sizeK 的方式指定分区大小。以上操作如下所示。

```
Command （m for help）: n        //利用 n 命令创建新分区
Command action
    e    extended
    p    primary partition  (1-4)
p                                //输入字符 p，以创建主分区
Partition number  （1-4）: 1
First cylinder  （1-130, default 1）:
Using default value 1
Last cylinder or +size or +sizeM or +sizeK  （1-130, default 130）: +500M
```

（4）输入 l 可以查看已知的分区类型及其 id，其中列出 Linux 的 id 为 83。输入 t，指定
/dev/sdb1 的文件系统类型为 Linux。以上操作如下所示。

```
//设置/dev/sdb1 分区类型为 Linux
Command （m for help）: t
```

```
Selected partition 1
Hex code  （type L to list codes）: 83
```

提示：如果不知道文件系统类型的 id 是多少，可以在上面输入"L"查找。

（5）分区结束后，输入 w，把分区信息写入硬盘分区表并退出。

（6）用同样的方法建立磁盘分区/dev/sdb2、/dev/sdb3。

（7）如果要删除磁盘分区，在 fdisk 菜单下输入 d，并选择相应的磁盘分区即可。删除后输入 w，保存退出。

```
//删除/dev/sdb3 分区，并保存退出
Command  （m for help）: d
Partition number  （1，2，3）: 3
Command  （m for help）: w
```

2. mkfs

硬盘分区后，下一步的工作就是文件系统的建立，其类似于 Windows 下的格式化硬盘。在硬盘分区上建立文件系统会冲掉分区上的数据，而且不可恢复，因此在建立文件系统之前要确认分区上的数据不再使用。建立文件系统的命令是 mkfs，格式如下。

```
mkfs  [参数]  文件系统
```

mkfs 命令常用的参数选项如下。

-t：指定要创建的文件系统类型。

-c：建立文件系统前首先检查坏块。

-l file：从文件 file 中读磁盘坏块列表，file 文件一般是由磁盘坏块检查程序产生的。

-V：输出建立文件系统详细信息。

例如，在/dev/sdb1 上建立 ext4 类型的文件系统，建立时检查磁盘坏块并显示详细信息，如下所示。

```
[root@Server01 ~]# mkfs -t ext4 -V -c /dev/sdb1
```

完成了存储设备的分区和格式化操作，接下来就要挂载并使用存储设备了。与之相关的步骤也非常简单：首先是创建一个用于挂载设备的挂载点目录；然后使用 mount 命令将存储设备与挂载点进行关联；最后使用 df -h 命令来查看挂载状态和硬盘使用量信息。

```
[root@Server01 ~]# mkdir /newFS
[root@Server01 ~]# mount /dev/sdb1 /newFS/
[root@Server01 ~]# df -h
```

Filesystem	Size	Used	Avail	Use%	Mounted on
dev/sda2	9.8G	86M	9.2G	1%	/
devtmpfs	897M	0	897M	0%	/dev
tmpfs	912M	0	912M	0%	/dev/shm
tmpfs	912M	9.0M	903M	1%	/run
tmpfs	912M	0	912M	0%	/sys/fs/cgroup
/dev/sda8	8.0G	3.0G	5.1G	38%	/usr
//dev/sda7	976M	2.7M	907M	1%	/tmp
/dev/sda3	7.8G	41M	7.3G	1%	/home
/dev/sda5	7.8G	140M	7.2G	2%	/var
/dev/sda1	269M	145M	107M	58%	/boot
tmpfs	183M	36K	183M	1%	/run/user/0 S

3.　fsck

fsck 命令主要用于检查文件系统的正确性，并对 Linux 磁盘进行修复。fsck 命令的格式如下。

fsck　[参数选项]　文件系统

fsck 命令常用的参数选项如下。

-t：给定文件系统类型，若在/etc/fstab 中已有定义或内核本身已支持的不需添加此项。

-s：一个一个地执行 fsck 命令进行检查。

-A：对/etc/fstab 中所有列出来的分区进行检查。

-C：显示完整的检查进度。

-d：列出 fsck 的 debug 结果。

-P：在同时有-A 选项时，多个 fsck 的检查一起执行。

-a：如果检查中发现错误，则自动修复。

-r：如果检查中发现错误，则询问是否修复。

例如，检查分区/dev/sdb1 上是否有错误，如果有错误，则自动修复（必须先把磁盘卸载才能检查分区）。

```
[root@Server01 ~]# umount /dev/sdb1
[root@Server01 ~]# fsck -a /dev/sdb1
fsck 1.35　（28-Feb-2004）
/dev/sdb1: clean, 11/128016 files, 26684/512000 blocks
```

4.　使用 dd 建立和使用交换文件

当系统的交换分区不能满足系统的要求而磁盘上又没有可用空间时，可以使用交换文件提供虚拟内存。

```
[root@Server01 ~]# dd  if=/dev/zero  of=/swap  bs=1024  count=10240
```

上述命令的执行结果在硬盘的根目录下建立了一个块大小为 1024 字节、块数为 10240 的名为 swap 的交换文件。该文件的大小为 $1024 \times 10240 = 10\text{MB}$。

建立/swap 交换文件后，使用 mkswap 命令说明该文件用于交换空间。

```
[root@Server01 ~]# mkswap  /swap  10240
```

利用 swapon 命令可以激活交换空间，也可以利用 swapoff 命令卸载被激活的交换空间。

```
[root@Server01 ~]# swapon  /swap
[root@Server01 ~]# swapoff  /swap
```

5.　df

df 命令用来查看文件系统的磁盘空间占用情况。可以利用该命令来获取硬盘被占用了多少空间，以及目前还有多少空间等信息，还可以利用该命令获得文件系统的挂载位置。

df 命令格式如下。

df　[参数选项]

df 命令的常见参数选项如下。

-a：显示所有文件系统磁盘使用情况，包括 0 块的文件系统，如/proc 文件系统。

-k：以 k 字节为单位显示。

-i：显示 i 节点信息。

-t：显示各指定类型的文件系统的磁盘空间使用情况。

-x：列出不是某一指定类型文件系统的磁盘空间使用情况（与-t 选项相反）。

-T：显示文件系统类型。

例如，查看各文件系统的磁盘空间占用情况：

```
[root@Server01 ~]# df
Filesystem      1K-blocks       Used        Available   Use%    Mounted on
…………（略）
/dev/sda3       8125880         41436       7648632     1%      /home
/dev/sda5       8125880         142784      7547284     2%      /var
/dev/sda1       275387          147673      108975      58%     /boot
tmpfs           186704          36          186668      1%      /run/user/0
```

显示各文件系统的 i 节点使用情况：

```
[root@Server01 ~]# df -ia
Filesystem      Inodes      IUsed       IFree       IUse%   Mounted on
rootfs          -           -           -           -       /
sysfs           0           0           0           -       /sys
proc            0           0           0           -       /proc
devtmpfs        229616      411         229205      1%      /dev
…………（略）
```

显示文件系统类型：

```
[root@Server01 ~]# df -T
Filesystem      Type        1K-blocks       Used Available       Use%        Mounted on
/dev/sda2       ext4        10190100        98264   9551164       2% /
devtmpfs        devtmpfs    918464          0       918464        0% /dev
………………
```

6. du

du 命令用于显示磁盘空间的使用情况。该命令逐级显示指定目录的每一级子目录占用文件系统数据块的情况。du 命令格式如下。

```
du  [参数选项]   [文件或目录名称]
```

du 命令的参数选项如下。

-s：对每个 name 参数只给出占用的数据块总数。

-a：递归显示指定目录中各文件及子目录中各文件占用的数据块数。

-b：以字节为单位列出磁盘空间使用情况。

-k：以 1024 字节为单位列出磁盘空间使用情况。

-c：在统计后加上一个总计（系统默认设置）。

-l：计算所有文件大小，对硬链接文件重复计算。

-x：跳过在不同文件系统上的目录，不予统计。

例如，以字节为单位列出所有文件和目录的磁盘空间占用情况，命令如下所示。

```
[root@Server01 ~]# du -ab
```

7. mount 与 umount

（1）mount。在磁盘上建立好文件系统之后，还需要把新建立的文件系统挂载到系统上才能使用。这个过程被称为挂载，文件系统所挂载到的目录被称为挂载点（mount point）。Linux 系统中提供了/mnt 和/media 两个专门的挂载点。一般而言，挂载点应该是一个空目录，否则目录中原来的文件将被系统隐藏。通常将光盘和软盘挂载到/media/cdrom（或者/mnt/cdrom）和/media/floppy（或者/mnt/ floppy）中，其对应的设备文件名分别为/dev/cdrom 和/dev/fd0。

文件系统的挂载可以在系统引导过程中自动挂载，也可以手动挂载，手动挂载文件系统的挂载命令是 mount。该命令的语法格式如下。

mount 参数选项 设备 挂载点

mount 命令的主要参数选项如下。

-t：指定要挂载的文件系统的类型。

-r：如果不想修改要挂载的文件系统，可以使用该选项以只读方式挂载。

-w：以可写的方式挂载文件系统。

-a：挂载/etc/fstab 文件中记录的设备。

把文件系统类型为 ext4 的磁盘分区/dev/sdb1 挂载到/newFS 目录下，可以使用以下命令。

[root@Server01 ~]# **mount -t ext4 /dev/sdb1 /newFS**

挂载光盘可以使用下列命令。

[root@Server01 ~]# **mkdir /media/cdrom**

[root@Server01 ~]# **mount -t iso9660 /dev/cdrom   /media/cdrom**

（2）umount。文件系统可以被挂载，也可以被卸载。卸载文件系统的命令是 umount。umount 命令的格式如下。

umount 设备 挂载点

例如，卸载光盘和软盘可以使用以下命令。

[root@Server01 ~]# **umount /media/cdrom**

注意：光盘在没有卸载之前，无法从驱动器中弹出；不能卸载正在使用的文件系统。

8. 文件系统的自动挂载

如果要实现每次开机自动挂载文件系统，则可以通过编辑/etc/fstab 文件来实现。在/etc/fstab 中列出了引导系统时需要挂载的文件系统以及文件系统的类型和挂载参数。系统在引导过程中会读取/etc/fstab 文件，并根据该文件的配置参数挂载相应的文件系统。以下是一个 fstab 文件中的内容。

```
[root@Server01 ~]# cat /etc/fstab
# This file is edited by fstab-sync - see 'man fstab-sync' for details
LABEL=/              /              ext4      defaults                          1 1
LABEL=/boot          /boot          ext4      defaults                          1 2
none                 /dev/pts       devpts    gid=5,mode=620                    0 0
none                 /dev/shm       tmpfs     defaults                          0 0
none                 /proc          proc      defaults                          0 0
none                 /sys           sysfs     defaults                          0 0
LABEL=SWAP-sda2      swap           swap      defaults                          0 0
/dev/sdb2            /media/sdb2    ext4      rw,grpquota,usrquota              0 0
/dev/hdc             /media/cdrom   auto      pamconsole,exec,noauto,managed    0 0
/dev/fd0             /media/floppy  auto      pamconsole,exec,noauto,managed    0 0
```

/etc/fstab 文件的每一行代表一个文件系统，每一行又包含 6 列，这 6 列的内容如下所示。

fs_spec   fs_file   fs_vfstype   fs_mntoptions   fs_dump   fs_passno

具体含义如下。

- 第 1 列 fs_spec：该字段定义希望加载的文件系统所在的设备或远程文件系统。对于一般的本地块设备，IDE 设备通常描述为/dev/hdXN，其中 X 是 IDE 设备通道（a、b 或者 c），N 代表分区号；SCSI 设备则描述为/dev/sdXN。对于 NFS mount 操作，这个字段应该包含 host:dir 格式的信息。此外，还可以使用设备的 UUID 或设备的卷标签来描述文件系统。

- 第 2 列 fs_file：该字段描述希望的文件系统加载的目录点。对于 swap 设备，该字段为 none。如果加载目录名包含空格，可以用"\040"来替代空格符。

- 第 3 列 fs_vfstype：定义了该设备上的文件系统类型。Linux 系统支持大量的文件类型，包括 ext2、ext3、ext4、reiserfs、xfs、jfs、smbfs、iso9660、vfat、ntfs 等。

- 第 4 列 fs_mntoptions：指定加载该设备的文件系统时需要使用的特定参数选项。一些常见的选项包括：

  - Defaults：rw、suid、dev、exec、auto、nouser、async。
  - auto：在启动时或键入了 mount -a 命令时自动挂载。
  - noauto：不在系统启动时或 mount -a 命令下自动挂载。
  - exec：允许执行此分区的二进制文件。
  - noexec：不允许执行此文件系统上的二进制文件。
  - ro：以只读模式挂载文件系统。
  - rw：以读写模式挂载文件系统（默认）。
  - user：允许普通用户加载该文件系统（隐含启用 noexec, nosuid, nodev）。
  - sync：I/O 同步进行（即每个写请求都等待它在物理介质上稳定后才继续）。
  - async：I/O 异步进行（默认）。
  - 其他可能的选项还包括 codepage（国家语言代码页）、iocharset（字符集）等。

- 第 5 列 fs_dump：该选项被 dump 命令使用来检查一个文件系统应该以多快频率进行转储。若不需要转储就设置该字段为 0。

- 第 6 列 fs_passno：fsck 磁盘检查设置。这也是一个数字值，用于设置文件系统检查的顺序。根文件系统（/）通常设置为 1，而其他文件系统从 2 开始编号。数字越小，越先进行检查。如果两个文件系统的数字相同，则它们会同时被检查。设置为 0 表示不进行检查。

例如，如果实现每次开机自动将文件系统类型为 xfs 的分区/dev/sdb3 自动挂载到/media/sdb3 目录下，需要在/etc/fstab 文件中添加下面一行内容，重新启动计算机后，/dev/sdb3 就能自动挂载了。

```
/dev/sdb3      /media/sdb3    xfs     defaults    0   0
```

任务 4-3　在 Linux 中配置软 RAID

RAID（redundant array of independent disks，独立磁盘冗余阵列）用于将多个廉价的小型磁盘驱动器合并成一个磁盘阵列，以提高存储性能和容错功能。RAID 可分为软 RAID 和硬 RAID，软 RAID 是通过软件实现多块磁盘冗余的，而硬 RAID 一般是通过 RAID 卡来实现 RAID 的。前者配置简单，管理也比较灵活，对于中小企业来说不失为一种最佳选择；后者在性能方面具有一定优势，但往往花费比较高。

1. 认识软 RAID

RAID 作为高性能的存储系统，已经得到了越来越广泛的应用。RAID 的级别从 RAID 概念的提出到现在，已经发展了 6 个级别，分别是 0、1、2、3、4、5。最常用的是 0、1、3、5 这 4 个级别。

RAID 0：将多个磁盘合并成一个大的磁盘，不具有冗余，并行 I/O，速度最快。RAID 0 也称为带区集。它是将多个磁盘并列起来，成为一个大磁盘。在存放数据时，其将数据按磁盘的个数来进行分段，然后同时将这些数据写进这些盘中，如图 4-2 所示。

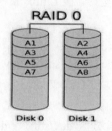

图 4-2　RAID 0 技术示意图

在所有的级别中，RAID 0 的速度是最快的。但是 RAID 0 没有冗余功能，如果一个磁盘（物理）损坏，则所有的数据都无法使用。

RAID 1：把磁盘阵列中的磁盘分成相同的两组，互为镜像，当任一磁盘介质出现故障时，可以利用其镜像上的数据恢复，从而提高系统的容错能力。对数据的操作仍采用分块后并行传输方式。RAID 1 不仅提高了读写速度，也加强了系统的可靠性，但其缺点是磁盘的利用率低，只有 50%。RAID 1 技术示意图如图 4-3 所示。

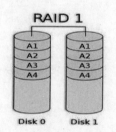

图 4-3　RAID 1 技术示意图

RAID 3：存放数据的原理和 RAID 0、RAID 1 不同。RAID 3 是以一个磁盘来存放数据的奇偶校验位，数据则分段存储于其余磁盘中。它像 RAID 0 一样以并行的方式来存放数据，但速度没有 RAID0 快。如果数据盘（物理）损坏，只要将坏的磁盘换掉，RAID 控制系统会根据校验盘的数据校验位在新盘中重建坏盘上的数据。不过，如果校验盘（物理）损坏，则全部数据都无法使用。利用单独的校验盘来保护数据虽然没有镜像的安全性高，但是磁盘利用率得到了很大的提高，为 $n-1$，n 为磁盘数。

RAID 5：向阵列中的磁盘写数据，奇偶校验数据存放在阵列中的各个磁盘上，允许单个磁盘出错。RAID 5 也是以数据的校验位来保证数据的安全，但它不是以单独磁盘来存放数据的校验位，而是将数据段的校验位交互存放于各个磁盘上。这样任何一个磁盘损坏，都可以根据其他磁盘上的校验位来重建损坏的数据。磁盘的利用率为 $n-1$。RAID 5 技术示意图如图 4-4 所示。

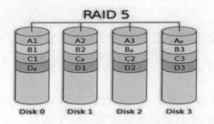

图 4-4　RAID 5 技术示意图

RHEL 提供了对软 RAID 技术的支持。在 Linux 系统中建立软 RAID，可以使用 mdadm 工具建立和管理 RAID 设备。

2. 创建与挂载 RAID 设备

下面以 4 块硬盘/dev/sdb、/dev/sdc、/dev/sdd、/dev/sde 为例来讲解 RAID 5 的创建方法。（利用 VMware 虚拟机，事先安装 4 块 SCSI 硬盘。）

3. 创建 4 个磁盘分区

使用 fdisk 命令重新创建 4 个磁盘分区/dev/sdb1、/dev/sdc1、/dev/sdd1、/dev/sde1，容量大小一致，都为 500MB，并设置分区类型 ID 为 fd（Linux raid autodetect），下面以创建/dev/sdb1 磁盘分区为例（先删除原来的分区，如果是新磁盘则直接分区）。

```
[root@Server01 ~]# fdisk /dev/sdb
Welcome to fdisk (util-linux 2.23.2).
Changes will remain in memory only, until you decide to write them.
Be careful before using the write command.
Command (m for help): d                    //删除分区命令
Partition number (1,2, default 2):
Partition 2 is deleted                      //删除分区 2
Command (m for help): d                     //删除分区命令
Selected partition 1
Partition 1 is deleted
Command (m for help): n                     //创建分区
Partition type:
    p    primary (0 primary, 0 extended, 4 free)
    e    extended
Select (default p): p                       //创建主分区 1
Using default response p
Partition number (1-4, default 1): 1        //创建主分区 1
First sector (2048-41943039, default 2048):
Using default value 2048
Last sector, +sectors or +size{K,M,G} (2048-41943039, default 41943039): +500M
                                            //分区容量为 500MB
Partition 1 of type Linux and of size 500 MiB is set
Command (m for help): t                     //设置文件系统
Selected partition 1
Hex code (type L to list all codes): fd     //设置文件系统为 fd
Changed type of partition 'Linux' to 'Linux raid autodetect'
Command (m for help): w                     //存盘退出
```

用同样方法创建其他 3 个磁盘分区，运行 partprobe 命令或重启系统，分区结果如下。

```
[root@Server01 ~]# partprobe          //不重新启动系统而使分区划分有效，务必！
[root@Server01 ~]# reboot             //或重新启动计算机
[root@Server01 ~]# fdisk -l
Device Boot    Start      End        Blocks   Id   System
/dev/sdb1      2048       1026047    512000   fd   Linux raid autodetect
/dev/sdc1      2048       1026047    512000   fd   Linux raid autodetect
/dev/sdd1      2048       1026047    512000   fd   Linux raid autodetect
/dev/sde1      2048       1026047    512000   fd   Linux raid autodetect
```

4. 使用 mdadm 命令创建 RAID5

RAID 设备名称为/dev/md$X$，其中 X 为设备编号，该编号从 0 开始。

```
[root@Server01~]#mdadm --create /dev/md0 --level=5 --raid-devices=3 --spare-devices=1 /dev/sd[b-e]1
mdadm: array /dev/md0 started.
```

上述命令中指定 RAID 设备名为/dev/md0，级别为 5，使用 3 个设备建立 RAID，空余一个留作备用。上面的语法中，最后面是装置文件名，这些装置文件名可以是整颗磁盘，如/dev/sdb，也可以是磁盘上的分区，如/dev/sdb1。不过，这些装置文件名的总数必须要等于--raid-devices 与--spare-devices 的个数总和。此例中，/dev/sd[b-e]1 是一种简写，表示/dev/sdb1、/dev/sdc1、/dev/sdd1、/dev/sde1，其中/dev/sde1 为备用。

5. 为新建立的/dev/md0 建立类型为 ext4 的文件系统

```
[root@Server01 ~]mkfs -t ext4 -c /dev/md0
```

6. 查看建立的 RAID 5 的具体情况（注意哪个是备用！）

```
[root@Server01 ~]mdadm --detail /dev/md0
/dev/md0:
                Version : 1.2
          Creation Time : Mon May 28 05:45:21 2018
             Raid Level : raid5
             Array Size : 1021952 (998.00 MiB 1046.48 MB)
          Used Dev Size : 510976 (499.00 MiB 523.24 MB)
           Raid Devices : 3
          Total Devices : 4
            Persistence : Superblock is persistent

            Update Time : Mon May 28 05:47:36 2018
                  State : clean
         Active Devices : 3
        Working Devices : 4
         Failed Devices : 0
          Spare Devices : 1

                 Layout : left-symmetric
             Chunk Size : 512K

     Consistency Policy : resync

                   Name : Server01:0    (local to host RHEL7-2)
```

```
             UUID : 082401ed:7e3b0286:58eac7e2:a0c2f0fd
             Events : 18

     Number    Major    Minor    RaidDevice State
        0        8        17         0       active sync   /dev/sdb1
        1        8        33         1       active sync   /dev/sdc1
        4        8        49         2       active sync   /dev/sdd1
        3        8        65         -       spare         /dev/sde1
```

7. 将 RAID 设备挂载

将 RAID 设备/dev/md0 挂载到指定的目录/media/md0 中，并显示该设备中的内容。

```
[root@Server01 ~]# mkdir /media/md0
[root@Server01 ~]# mount /dev/md0 /media/md0 ;   ls   /media/md0
lost+found
[root@Server01 ~]# cd /media/md0
//写入一个 50MB 的文件 50_file 供数据恢复时测试用
[root@Server01 md0]# dd if=/dev/zero of=50_file count=1 bs=50M; ll
1+0 records in
1+0 records out
52428800 bytes (52 MB) copied, 0.550244 s, 95.3 MB/s
total 51216
-rw-r--r--. 1 root root 52428800 May 28 16:00 50_file
drwx------. 2 root root    16384 May 28 15:54 lost+found
[root@Server01 ~]# cd
```

8. 恢复 RAID 设备的数据

如果 RAID 设备中的某个硬盘损坏，系统会自动停止这块硬盘的工作，让后备的那块硬盘代替损坏的硬盘继续工作。例如，假设/dev/sdc1 损坏。更换损坏的 RAID 设备中成员的方法如下。

（1）将损坏的 RAID 成员标记为失效。

```
[root@Server01 ~]#mdadm   /dev/md0   --fail   /dev/sdc1
```

（2）移除失效的 RAID 成员。

```
[root@Server01 ~]#mdadm   /dev/md0   --remove   /dev/sdc1
```

（3）更换硬盘设备，添加一个新的 RAID 成员（注意上面查看 RAID 5 的情况）。备份硬盘一般会自动替换。

```
[root@Server01 ~]#mdadm   /dev/md0   --add   /dev/sde1
```

（4）查看 RAID 5 下的文件是否损坏，同时再次查看 RAID 5 的情况。命令如下。

```
[root@Server01 ~]#ll   /media/md0
[root@Server01 ~]#mdadm --detail /dev/md0
/dev/md0:
    ………… （略）
     Number    Major    Minor    RaidDevice State
        0        8        17         0       active sync   /dev/sdb1
        3        8        65         1       active sync   /dev/sde1
        4        8        49         2       active sync   /dev/sdd1
```

RAID 5 中失效硬盘已被成功替换。

说明：mdadm 命令参数中凡是以 "--" 引出的参数选项，与 "-" 加单词首字母的方式等价。例如，"--remove" 等价于 "-r"，"--add" 等价于 "-a"。

（5）当不再使用 RAID 设备时，可以使用命令 "mdadm -S /dev/md*X*" 的方式停止 RAID 设备，然后重启系统。（注意，先卸载再停止。）

```
[root@RHEL7-2 ~]# umount /dev/md0   /media/md0
umount: /media/md0: not mounted
[root@RHEL7-2 ~]# mdadm   -S   /dev/md0
mdadm: stopped /dev/md0
[root@server1 ~]# reboot
```

任务 4-4 建立物理卷、卷组和逻辑卷，格式化逻辑卷并挂载使用

此前已在虚拟机中添加了 5 块新硬盘设备。我们对其中 2 块新硬盘/dev/sdb 和/dev/sdc 进行操作，建立物理卷、卷组和逻辑卷，扩展逻辑卷时还会用到/dev/sdd。

特别注意，物理卷可以建立在整个物理硬盘上，也可以建立在硬盘分区中，如在整个硬盘上建立物理卷则不要在该硬盘上建立任何分区，如使用硬盘分区建立物理卷则需事先对硬盘进行分区并设置该分区为 LVM（Logical Volume Manager）类型，其类型 ID 为 0x8e。

为了更好地完成下面的任务，我们先学习一下 LVM 的命令。常用的 LVM 命令、示例及示例说明如表 4-4 所示。

表 4-4 常用的 LVM 命令、示例及示例说明

类型	功能	命令	示例	示例说明
物理卷	扫描	pvscan	pvscan	扫描系统中的所有物理卷
	建立	pvcreate	pvcreate /dev/sdb	创建一个物理卷/dev/sdb
	显示	pvdisplay	pvdisplay /dev/sdb	显示物理卷/dev/sdb 的详细信息
	删除	pvremove	pvremove /dev/sdb	删除物理卷/dev/sdb
卷组	扫描	vgscan	vgscan	扫描系统中的所有卷组
	建立	vgcreate	vgcreate myvg /dev/sdb	创建一个名为 myvg 的卷组，包含物理卷 /dev/sdb
	显示	vgdisplay	vgdisplay myvg	显示卷组 myvg 的详细信息
	删除	vgremove	vgremove myvg	删除卷组 myvg
	扩展	vgextend	vgextend myvg /dev/sdc	将物理卷/dev/sdc 添加到卷组 myvg 中
	缩小	vgreduce	vgreduce myvg /dev/sdc	从卷组 myvg 中移除物理卷 /dev/sdc
逻辑卷	扫描	lvscan	lvscan	扫描系统中的所有逻辑卷
	建立	lvcreate	lvcreate -L 1G -n mylv myvg	在卷组 myvg 中创建一个名为 mylv 的逻辑卷，大小为 1GB
	显示	lvdisplay	lvdisplay /dev/myvg/mylv	显示逻辑卷/dev/myvg/mylv 的详细信息
	删除	lvremove	lvremove /dev/myvg/mylv	删除逻辑卷/dev/myvg/mylv
	扩展	lvextend	lvextend -L +500M /dev/myvg/mylv	将逻辑卷/dev/myvg/mylv 扩展 500MB
	缩小	lvreduce	lvreduce -L -200M /dev/myvg/mylv	将逻辑卷/dev/myvg/mylv 缩小 200MB

对于这个实例，我们将会建立物理卷、卷组和逻辑卷，步骤如下。

（1）建立物理卷。利用 pvcreate 命令可以在硬盘和已经创建好的分区（必须设置成 LVM 类型）上建立物理卷。物理卷直接建立在物理硬盘或者硬盘分区上，所以物理卷的设备文件使用系统中现有的磁盘分区设备文件的名称。

```
//使用 pvcreate 命令创建物理卷
[root@Server01 ~]# pvcreate /dev/sdb /dev/sdc
Physical volume "/dev/sdb" successfully created.
Physical volume "/dev/sdc" successfully created.
//使用 pvdisplay 命令显示指定物理卷的属性
[root@Server01 ~]# pvdisplay /dev/sdb /dev/sdc
```

（2）建立卷组。在创建好物理卷后，使用 vgcreate 命令建立卷组。卷组设备文件使用/dev 目录下与卷组同名的目录表示，该卷组中的所有逻辑设备文件都将建立在该目录下，卷组目录是在使用 vgcreate 命令建立卷组时创建的。卷组中可以包含多个物理卷，也可以只有一个物理卷。

```
//使用 vgcreate 命令创建卷组 vg0
[root@Server01 ~]# vgcreate vgo /dev/sdb /dev/sdc
  Volume group "vg0" successfully created
//使用 vgdisplay 命令查看 vg0 信息
[root@Server01 ~]# vgdisplay
  --- Volume group ---
  VG Name                 vg0
  …………
  VG Size                 39.99 GiB
  PE Size                 4.00 MiB
  Total PE                10238
```

其中 vg0 为要建立的卷组名称。这里的 PE 值使用默认的 4MB，如果需要增大可以使用-L 选项，但是一旦设定以后不可更改 PE 的值。可以使用同样的方法创建 vg1、vg2 等。

（3）建立逻辑卷。建立好卷组后，可以使用命令 lvcreate 在已有卷组上建立逻辑卷。逻辑卷设备文件位于其所在的卷组的卷组目录中，该文件是在使用 lvcreate 命令建立逻辑卷时创建的。

```
//使用 lvcreate 命令创建逻辑卷，大小为 20MB，名称为 lv0
[root@Server01 ~]# lvcreate -L 20M -n lv0 vg0
Logical volume "lv0" created
//使用 lvdisplay 命令显示创建的 lv0 的信息
[root@Server01 ~]# lvdisplay /dev/vg0/lv0
--- Logical volume ---
……
 # open 0
 LV Size 20.00 MiB
 ……
```

注意：①-L 选项用于设置逻辑卷大小，-n 参数用于指定逻辑卷的名称和卷组的名称；②若使用小写的 l 选项，则表示指定逻辑卷的大小，以逻辑扩展（Logical Extents，LE）为单位。LE 是 LVM 中的一个概念，表示卷组中的一个基本存储单元，其大小默认为 4MB。示例: -l 256

创建一个由 256 个 LE 组成的逻辑卷。

（4）对新生成的逻辑卷/dev/vg0/lv0 进行格式化，格式化后的文件格式为 xfs。

```
[root@Server01 ~]# mkfs.xfs   /dev/vg0/lvo

……（略）
Allocating group tables: done
Writing inode tables: done
Creating journal (4096 blocks): done
Writing superblocks and filesystem accounting information: done
```

（5）将格式化后的逻辑卷挂载到目录/bobby 中使用。

```
[root@Server01 ~]# mkdir /bobby
[root@Server01 ~]# mount /dev/vg0/lvo /bobby
```

提示：如果需要知道是否挂载成功，读者可以使用 "df   -h" 命令进行检查。

任务 4-5　管理 LVM 逻辑卷

逻辑卷建好后，管理逻辑卷涉及多个方面，包括监控、维护、扩展、收缩以及故障处理等。本节主要就逻辑卷的扩展和收缩进行实践操作。

1. 增加新的物理卷到卷组

当卷组中没有足够的空间分配给逻辑卷时，可以用给卷组增加物理卷的方法来增加卷组的空间。需要注意的是，首先要使用 pvcreate 命令创建物理卷。

```
//使用 pvcreate 命令创建物理卷，使用 pvdisplay 命令显示指定物理卷的属性
[root@Server01 ~]# pvcreate   /dev/sdd
Physical volume "/dev/sdd" successfully created.
[root@Server01 ~]# pvdisplay /dev/sdd
//将物理卷/dev/sdd 添加到卷组 vg0，对卷组进行扩展
[root@Server01 ~]# vgextend   vg0 /dev/sdd
Volume group "vg0" successfully extended
[root@Server01 ~]# vgdisplay
```

2. 逻辑卷容量的动态调整

当逻辑卷的空间不能满足要求时，可以利用 lvextend 命令把卷组中的空闲空间分配到该逻辑卷以扩展逻辑卷的容量。当逻辑卷的空闲空间太大时，可以使用 lvreduce 命令减少逻辑卷的容量。

（1）lvextend 命令。lvextend 是 LVM 中的一个命令，用于扩展逻辑卷（Logical Volume）的大小。当发现逻辑卷的空间不足时，可以使用 lvextend 命令来增加其容量。

语法格式如下：

```
lvextend [参数] [逻辑卷]
```

常用的参数是：-L　[+]Size。

- +Size 表示增加指定大小的容量。
- Size 可以使用 b（bytes）、K（kilobytes）、M（megabytes）、G（gigabytes）、T（terabytes）等作为单位。

注意：在执行任何 LVM 操作之前，最好先备份重要数据，以防止数据丢失。使用 lvextend 命令时，请确保有足够的未分配空间在卷组中，以便为逻辑卷分配更多空间。如果您不确定如

何使用这些命令，请先在非生产环境中进行测试，并参考 LVM 的官方文档或相关教程。

```
//使用 lvextend 命令增加逻辑卷容量
[root@Server01 ~]# lvextend -L +10M /dev/vg0/lv0
Rounding up size to full physical extent 12.00 MB
Extending logical volume lv0 to 32.00 MB
Logical volume lv0 successfully resized
```

（2）lvreduce 命令。lvreduce 命令用于减小逻辑卷的大小。这个操作需要谨慎进行，因为减少逻辑卷的大小可能会导致数据丢失。

语法格式如下：

```
lvreduce [选项] [逻辑卷名称|逻辑卷路径]
```

常用选项如下：

- -L<逻辑卷大小>：指定减少或设置逻辑卷的大小，默认单位为 MB，也可以使用 G、T、P、E 等后缀。在逻辑卷大小前面加上 "_"，表示该值将从逻辑卷的实际大小中减去，否则它会被当作绝对大小。
- -l<逻辑盘区数>：减少或设置逻辑卷大小，单位为逻辑盘区(LE)。在逻辑盘区数前面加上 "_"，表示该值将从逻辑卷的实际大小中减去，否则会被当作绝对大小。
- -r：使用 fsadm 将与逻辑卷相关的文件系统一起调整。
- --noudevsync：禁用 udev 同步。
- -n：调整文件系统的大小前，不要执行 fsck。
- -f：强制减少大小，即使它可能会导致数据丢失也不会提示信息。

```
//使用 lvreduce 命令减少逻辑卷容量
[root@Server01 ~]# lvreduce -L -10M /dev/vg0/lv0
  Rounding up size to full physical extent 8.00 MB
  WARNING: Reducing active logical volume to 24.00 MB
  THIS MAY DESTROY YOUR DATA （filesystem etc.）
  Do you really want to reduce lv0? [y/n]: y
  Reducing logical volume lv0 to 24.00 MB
Logical volume lv0 successfully resized
```

3．物理卷、卷组和逻辑卷的检查

（1）物理卷的检查（显示数据仅供参考，该数据与读者的硬盘情况相关）。

```
[root@Server01 ~]# pvscan
  PV /dev/sdb1    VG vg0    lvm2 [232.00 MB / 232.00 MB free]
  PV /dev/sdb2    VG vg0    lvm2 [184.00 MB / 184.00 MB free]
  Total: 2 [1.11 GB] / in use: 2 [1.11 GB] / in no VG: 0 [0     ]
```

（2）卷组的检查。

```
[root@Server01 ~]# vgscan
  Reading all physical volumes.   This may take a while...
  Found volume group "vg0" using metadata type lvm2
```

（3）逻辑卷的检查。

```
[root@Server01 ~]# lvscan
  ACTIVE                  '/dev/vg0/lv0' [24.00 MB] inherit
（略）
```

4. 删除逻辑卷—卷组—物理卷（必须按照先后顺序来执行删除）

在 Linux 的 LVM 中，删除逻辑卷、卷组和物理卷确实需要按照特定的顺序来执行，以确保数据的安全性和系统的稳定性。以下是删除这些组件的正确顺序及相应的命令。

（1）删除逻辑卷。首先，需要确保逻辑卷上没有任何挂载的文件系统或正在使用的数据。然后，使用 lvremove 命令删除逻辑卷。

命令格式如下：

```
lvremove   /dev/vgname/lvname
```

其中，/dev/vgname/lvname 是要删除的逻辑卷的路径。如果逻辑卷名为 lvo1，并且它属于名为 myvg 的卷组，那么命令就是：

```
lvremove   /dev/myvg/lvo1
```

系统会询问是否确定要删除逻辑卷，并警告这将永久删除其中的数据。如果确定要删除，输入 y 并按 Enter 键。

（2）删除卷组。在删除所有逻辑卷之后可以删除卷组。使用 vgremove 命令删除卷组。

命令格式如下：

```
vgremove   vgname
```

其中，vgname 是你要删除的卷组的名称。如果卷组名为 myvg，那么命令就是：vgremove myvg。

同样，系统会询问是否确定要删除卷组。如果确定，输入 y 并按 Enter 键。

（3）删除物理卷。最后，可以删除物理卷。但是，在删除物理卷之前，需要确保该物理卷上没有任何卷组。使用 pvremove 命令删除物理卷。

命令格式如下：

```
pvremove   /dev/sdXN
```

其中，/dev/sdXN 是要删除的物理卷的设备路径。注意这里的 XN 是物理分区号（也可以是整个硬盘），例如/dev/sda1、/dev/sda2、/dev/sdb 等。

系统会询问是否确定要删除物理卷。如果确定，输入 y 并按 Enter 键。

注意：在执行这些命令之前，请确保已经备份了所有重要数据，因为删除操作将永久删除数据。在删除物理卷之前，确保没有任何卷组或逻辑卷与之关联，否则会收到错误消息。在删除逻辑卷、卷组或物理卷时，系统可能会要求用户进行确认操作。这是为了防止意外删除，所以请仔细阅读系统提示并谨慎操作。

1）卸载已挂载的所有目录。

```
[root@Server01 ~]# umount /bobby
```

2）使用 lvremove 命令删除逻辑卷。

```
[root@Server01 ~]# lvremove /dev/vg0/lv0
Do you really want to remove active logical volume "lv0"? [y/n]: y
    Logical volume "lv0" successfully removed
```

3）使用 vgremove 命令删除卷组。

```
[root@Server01 ~]# vgremove vg0
  Volume group "vg0" successfully removed
```

4）使用 pvremove 命令删除物理卷

```
[root@Server01 ~]# pvremove /dev/sdb /dev/sdc /dev/sdd
```

Labels on physical volume "/dev/sdb" successfully wiped
Labels on physical volume "/dev/sdc" successfully wiped
Labels on physical volume "/dev/sdd" successfully wiped

4.4   拓展阅读：图灵奖

你知道图灵奖吗？你知道哪位华人科学家获得过此殊荣吗？

图灵奖（Turing Award）全称 A.M. 图灵奖（A.M. Turing Award），是由美国计算机协会（Association for Computing Machinery，ACM）于 1966 年设立的计算机奖项，名称取自艾伦·马西森·图灵（Alan Mathison Turing），旨在奖励对计算机事业做出重要贡献的个人。图灵奖的获奖条件要求极高，评奖程序极严，一般每年仅授予一名计算机科学家。图灵奖是计算机领域的国际最高奖项，被誉为"计算机界的诺贝尔奖"。

2000 年，华人科学家姚期智获图灵奖。

4.5   项 目 实 训

项目实训 1：文件系统管理

项目实录 管理文件系统

1. 视频位置
实训前请扫二维码观看"项目实录　管理文件系统"慕课。
2. 项目实训目的
● 掌握 Linux 下文件系统的创建、挂载与卸载。
● 掌握文件系统的自动挂载。
3. 项目背景
某企业的 Linux 服务器中新增了一块硬盘/dev/sdb，请使用 fdisk 命令新建/dev/sdb1 主分区和/dev/sdb2 扩展分区，并在扩展分区中新建逻辑分区/dev/sdb5，使用 mkfs 命令分别创建 vfat 和 ext3 文件系统。然后用 fsck 命令检查这两个文件系统。最后，把这两个文件系统挂载到系统上。
4. 项目实训内容
练习 Linux 系统下文件系统的创建、挂载与卸载及自动挂载的实现。
5. 做一做
根据项目实录录像进行项目的实训，检查学习效果。

项目实训 2：配置与管理文件权限

项目实录 管理文件权限

1. 视频位置
实训前请扫二维码观看"项目实录　管理文件权限"慕课。
2. 项目实训目的
● 掌握利用 chmod 及 chgrp 等命令实现 Linux 文件权限管理的方法。

- 掌握磁盘配额的实现方法（后续项目会详细讲解）。

3. 项目背景

某公司有 60 个员工，分别在 5 个部门工作，每个人的工作内容不同。需要在服务器上为每个人创建不同的账号，把相同部门的用户放在一个组中，每个用户都有自己的工作目录，并且需要根据工作性质对每个部门和每个用户在服务器上的可用空间进行限制。

假设有用户 user1，请设置 user1 对/dev/sdb1 分区的磁盘配额，将 user1 对 blocks 的 soft 设置为 5000，hard 设置为 10000；inodes 的 soft 设置为 5000，hard 设置为 10000。

4. 项目实训内容

练习 chmod、chgrp 等命令的使用，练习在 Linux 下实现磁盘配额的方法。

5. 做一做

根据项目实录录像进行项目的实训，检查学习效果。

项目实训 3：动态磁盘管理

1. 录像位置

实训前请扫二维码观看"项目实录 管理动态磁盘"慕课。

项目实录 管理动态磁盘

2. 项目实训目的

掌握 Linux 系统中利用 RAID 技术实现磁盘阵列的管理方法。

3. 项目背景

某企业为了保护重要数据，购买了 4 块同一厂家生产的 SCSI 硬盘。要求在这 4 块硬盘上创建 RAID 5 卷，以实现磁盘容错。

4. 项目实训内容

利用 mdadm 命令创建并管理 RAID 卷。

5. 做一做

根据项目实录录像进行项目的实训，检查学习效果。

项目实训 4：LVM 逻辑卷管理器

1. 视频位置

实训前请扫二维码观看"项目实录　管理 LVM 逻辑卷"慕课。

项目实录 管理 LVM 逻辑卷

2. 项目实训目的

- 掌握创建 LVM 分区类型的方法。
- 掌握 LVM 逻辑卷管理的基本方法。

3. 项目背景

某企业在 Linux 服务器中新增了一块硬盘/dev/sdb，要求 Linux 系统的分区能自动调整磁盘容量。请使用 fdisk 命令新建/dev/sdb1、/dev/sdb2、/dev/sdb3 和/dev/sdb4 LVM 类型的分区，并在这 4 个分区上创建物理卷、卷组和逻辑卷，并将逻辑卷挂载。

4. 项目实训内容

物理卷、卷组、逻辑卷的创建，卷组、逻辑卷的管理。

5. 做一做

根据项目实录录像进行项目的实训，检查学习效果。

4.6 练 习 题

一、填空题

1. 文件系统是磁盘上有特定格式的一片区域，操作系统可利用文件系统_____和_____文件。

2. ext 文件系统在 1992 年 4 月完成，称为_____，是第一个专门针对 Linux 操作系统的文件系统。Linux 系统使用_____文件系统。

3. _____是光盘所使用的标准文件系统。

4. Linux 的文件系统是采用阶层式的_____结构，在该结构中的最上层是_____。

5. 默认的权限可用_____命令修改，用法非常简单，只需执行_____命令，便代表屏蔽所有的权限，因而之后建立的文件或目录，其权限都变成_____。

6. 在 Linux 系统安装时，可以采用_____、_____和_____等方式进行分区。除此之外，在 Linux 系统中还有_____、_____、_____等分区工具。

7. RAID 的中文全称是_____，用于将多个小型磁盘驱动器合并成一个_____，以提高存储性能和_____功能。RAID 可分为_____和_____，软 RAID 通过软件实现多块硬盘_____。

8. LVM 的中文全称是_____，最早应用在 IBM AIX 系统上。它的主要作用是_____及调整磁盘分区大小，并且可以让多个分区或者物理硬盘作为_____来使用。

9. 可以通过_____和_____来限制用户和组对磁盘空间的使用。

二、选择题

1. 假定内核支持 vfat 分区，（　　）操作是将/dev/hda1（一个 Windows 分区）加载到/win 目录。

    A．mount -t windows /win /dev/hda1

    B．mount -fs=msdos /dev/hda1   /win

    C．mount -s   win   /dev/hda1 /win

    D．mount –t vfat /dev/hda1   /win

2. 关于/etc/fstab 的正确描述是（　　）。

    A．启动系统后，由系统自动产生

    B．用于管理文件系统信息

    C．用于设置命名规则，设置是否可以使用 TAB 来命名一个文件

    D．保存硬件信息

3. 存放 Linux 基本命令的目录是（　　）。

    A．/bin   B．/tmp   C．/lib   D．/root

4．对于普通用户创建的新目录，（　　　）是默认的访问权限。

  A．rwxr-xr-x   B．rw-rwxrw-

  C．rwxrw-rw-   D．rwxrwxrw-

5．如果当前目录是/home/sea/china，那么 china 的父目录是（　　　）目录。

  A．/home/sea   B．/home/   C．/   D．/sea

6．系统中有用户 user1 和 user2，同属于 users 组。在 user1 用户目录下有一文件 file1，它拥有 644 的权限，如果 user2 想修改 user1 用户目录下的 file1 文件，应拥有（　　　）权限。

  A．744   B．664

  C．646   D．746

7．在一个新分区上建立文件系统应该使用命令（　　　）。

  A．fdisk   B．makefs   C．mkfs   D．format

8．用 ls -al 命令列出下面的文件列表，其中（　　　）文件是符号链接文件。

  A．-rw-------　　2 hel-s　　users　　56　　Sep 09 11:05　　hello

  B．-rw-------　　2 hel-s　　users　　56　　Sep 09 11:05　　goodbey

  C．drwx-----　　1 hel　　users　　1024　　Sep 10 08:10　　zhang

  D．lrwx-----　　1 hel　　users　　2024　　Sep 12 08:12　　cheng

9．Linux 文件系统的目录结构是一棵倒挂的树，文件都按其作用分门别类地放在相关的目录中。现有一个外围设备文件，应该将其放在（　　　）目录中。

  A．/bin   B．/etc   C．/dev   D．lib

10．如果 umask 设置为 022，默认创建的文件权限为（　　　）。

  A．----w--w-   B．–rwxr-xr-x   C．r-xr-x---   D．rw-r--r--

第三篇 常用网络服务

工欲善其事，必先利其器。

——孔子《论语·卫灵公》

项目 5　配置与管理 samba 服务器

利用 samba 服务器可以实现 Linux 系统和微软公司的 Windows 系统之间的资源共享。本项目主要介绍 Linux 系统中 samba 服务器的配置，以实现文件和打印共享。

- 了解 samba 环境及协议。
- 掌握 samba 的工作原理。
- 掌握主配置文件 smb.conf 的配置方法。
- 掌握 samba 服务密码文件的配置方法。
- 掌握输出共享的配置方法。
- 掌握 Linux 和 Windows 客户端共享 samba 服务器资源的方法。

- 明确操作系统在新一代信息技术中的重要地位，激发科技报国的家国情怀和使命担当。
- 增强历史自觉、坚定文化自信。"天行健，君子以自强不息""明德至善、格物致知"，青年学生要有"感时思报国，拔剑起蒿莱"的报国之志和家国情怀。

5.1　项目相关知识

对于接触 Linux 的用户来说，听得最多的就是 samba 服务，为什么是 samba 呢？原因是 samba 最先在 Linux 和 Windows 之间架起了一座桥梁。正是由于 samba，我们才可以在 Linux 操作系统和 Windows 系统之间互相通信，如复制文件、实现不同操作系统之间的资源共享等。我们可以将其架设成一个功能非常强大的文件服务器，也可以将其架设成提供本地和远程联机输出的服务器，甚至可以使用 samba 服务器完全取代 Windows Server 2016 中的域控制器，使域管理工作变得非常方便。

管理与维护 samba
服务器

5.1.1　了解 samba 应用环境

（1）文件和打印机共享：文件和打印机共享是 samba 的主要功能，通过服务器消息块（Server Message Block，SMB）协议实现资源共享，将文件和打印机发布到网络中，以供用户访问。

（2）身份验证和权限设置：smbd 服务支持 user mode 和 domain mode 等身份验证和权限设置模式，通过加密方式可以保护共享的文件和打印机。

（3）名称解析：samba 通过 nmbd 服务可以搭建 NetBIOS 名称服务器（NetBIOS Name Server，NBNS），提供名称解析，将计算机的 NetBIOS 名解析为 IP 地址。

（4）浏览服务：在局域网中，samba 服务器可以成为本地主浏览器（Local Master Browser，LMB），保存可用资源列表。当使用客户端访问 Windows 网上邻居时，会提供浏览列表，显示共享目录、打印机等资源。

5.1.2　了解 SMB 协议

SMB 通信协议可以看作局域网上共享文件和打印机的一种协议。它是微软公司和英特尔（Intel）公司在 1987 年制定的协议，主要是作为 Microsoft 网络的通信协议，而 samba 将 SMB 协议搬到 UNIX 系统上使用。通过"NetBIOS over TCP/IP"，使用 samba 不但能与局域网络主机共享资源，而且能与全世界的计算机共享资源，因为互联网上千千万万的主机所使用的通信协议就是 TCP/IP。SMB 协议是会话层和表示层以及小部分应用层上的协议，它使用了 NetBIOS 的 API。另外，它是一个开放性的协议，允许协议扩展，这使它变得庞大而复杂，大约有 65 个最上层的作业，而每个作业都有超过 120 个函数。

5.2　项目设计与准备

在实施项目前先了解 samba 服务器的配置流程。

5.2.1　了解 samba 服务器配置的工作流程

首先对服务器进行设置：告诉 samba 服务器将哪些目录共享给客户端进行访问，并根据需要设置其他选项，例如，添加对共享目录内容的简单描述信息和访问权限等具体设置。

1. 基本的 samba 服务器的搭建流程

基本的 samba 服务器的搭建流程主要分为以下 5 个步骤。

（1）编辑主配置文件 smb.conf，指定需要共享的目录，并为共享目录设置共享权限。

（2）在 smb.conf 文件中指定日志文件名称和存放路径。

（3）设置共享目录的本地系统权限。

（4）重新加载配置文件或重新启动 SMB 服务，使配置生效。

（5）关闭防火墙，同时设置 SELinux 为允许。

2. samba 服务器的工作流程

samba 服务器的工作流程如图 5-1 所示。

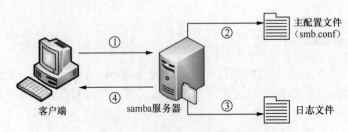

图 5-1　samba 服务器的工作流程

（1）客户端请求访问 samba 服务器上的共享目录。

（2）samba 服务器接收到请求后，查询主配置文件 smb.conf，看看是否共享了目录，如果共享了目录，则查看客户端是否有权限访问。

（3）samba 服务器会将本次访问信息记录在日志文件中，日志文件的名称和路径都需要用户设置。

（4）如果客户端满足访问权限设置，则允许客户端进行访问。

5.2.2　设备准备

本项目要用到 Server01、Client3 和 Client1，设备情况如表 5-1 所示。

表 5-1　设备情况

主机名	操作系统	IP 地址	网络连接方式
samba 共享服务器：Server01	RHEL 8	192.168.10.1/24	VMnet1（仅主机模式）
Windows 客户端：Client3	Windows 10	192.168.10.40/24	VMnet1（仅主机模式）
Linux 客户端：Client1	RHEL 8	192.168.10.21/24	VMnet1（仅主机模式）

5.3　项目实施

配置与管理 samba
服务器

任务 5-1　安装并启动 samba 服务

使用 rpm -qa |grep samba 命令检测系统是否安装了 samba 软件包。

```
[root@Server01 ~]# rpm -qa |grep samba
```

（1）挂载 ISO 映像文件。

```
[root@Server01 ~]# mount /dev/cdrom /media
```

（2）制作 yum 源文件/etc/yum.repos.d/dvd.repo 见项目 1 或项目 9 相关内容，这里不再赘述。

（3）使用 dnf 命令查看 samba 软件包的信息。

```
[root@Server01 ~]# dnf    info samba
```

（4）使用 dnf 命令安装 samba 服务。

```
[root@Server01 ~]# dnf clean all                        //安装前先清除缓存
[root@Server01 ~]# dnf    install    samba   -y
```

（5）所有软件包安装完毕，可以使用 rpm 命令再一次进行查询。

```
[root@Server01 ~]# rpm -qa | grep samba
```

（6）启动 smb 服务，设置开机启动该服务。

```
[root@Server01 ~]# systemctl start smb ; systemctl enable smb
```

注意：在服务器配置中，更改配置文件后，一定要记得重启服务，让服务重新加载配置文件，这样新配置才生效。重启的命令是 systemctl restart smb 或 systemctl reload smb。

任务 5-2　了解主要配置文件 smb.conf

samba 的配置文件一般放在/etc/samba 目录中，主配置文件名为 smb.conf。

1. samba 服务程序中的参数以及作用

使用 ll 命令查看 smb.conf 文件属性，并使用命令 vim/etc/samba/smb.conf 查看文件的详细内容，如图 5-2 所示（使用 "：set nu" 加行号，后面同样处理，不再赘述）。

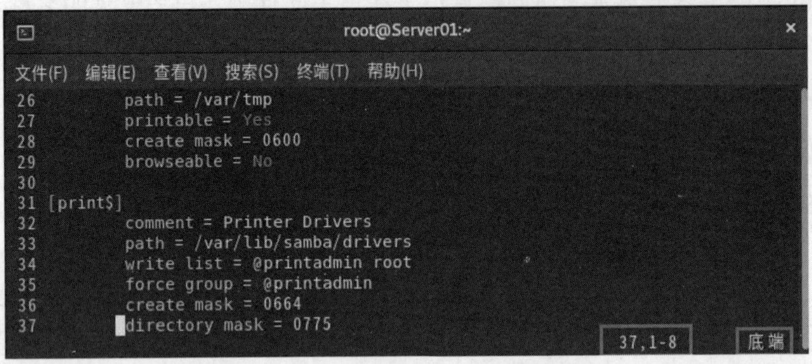

图 5-2　查看 smb.conf 配置文件

smb.conf 文件位于/etc/samba/目录下，其结构分为几个部分，包括全局设置（[global]）、个人用户目录（[homes]）和打印服务（[printers]）。每个部分都包含一系列参数，这些参数决定了 samba 服务的行为和响应方式。

针对[global]、[homes]和[printers]部分的详细参数如表 5-2 至表 5-4 所示。

表 5-2　全局设置 [global] 参数以及描述

参数	默认值	详细描述
workgroup	WORKGROUP	设置工作组名称，通常在一个小型网络中所有计算机应属于同一工作组以方便资源共享
server string	Samba Server	为 samba 服务器提供一个描述，这个描述会在网络浏览中显示
netbios name		指定 samba 服务器在网络上的 NetBIOS 名称，如果不设置，默认使用服务器的主机名
security	USER	设置认证模式。USER 表示用户必须提供用户名和密码来登录。其他模式如 DOMAIN 和 ADS 支持更复杂的认证机制
log file	/var/log/samba/log.%m	指定日志文件的路径和文件名，%m 会被替换为客户端的机器名
max log size	5000	设置日志文件的最大大小，超过设定值后，旧的日志内容会被删除，单位为 KB
encrypt passwords	yes	是否加密传输密码。为了安全性，通常应该启用此项
smb encrypt	auto	控制 SMB 协议加密的级别。例如，mandatory 强制加密所有的通信
passdb backend	tdbsam	设置用于存储用户账户信息的后端数据库类型。tdbsam 是一种基于文件的简单数据库

表 5-3　用户家目录 [homes]参数以及描述

参数	默认值	详细描述
comment	Home Directories	提供对共享目录的简短描述，表明这是用户的家目录

续表

参数	默认值	详细描述
browseable	no	控制共享是否在网络邻居中可见。设置为 no 可以隐藏共享，增加隐私性
writable	yes	允许对共享文件夹的写入权限。默认情况下，用户可以修改自己的家目录文件
valid users	%S	限制访问该共享的用户。%S 是一个特殊变量，代表与共享名相同的用户名

表 5-4　打印服务 [printers] 参数以及描述

参数	默认值	详细描述
comment	All Printers	提供关于打印共享的描述，可以是任何文本
path	/var/spool/samba	指定临时文件存储的路径，所有打印作业都会先存放在这里
browseable	no	控制此打印共享是否在网络上可见。通常设置为 no，因为用户只需要通过打印对话框访问打印机
printable	yes	标记共享为打印共享，允许通过网络发送打印作业到这个位置
guest ok	no	是否允许不需要身份验证的用户访问。一般情况下，打印服务需要严格的访问控制

　　技巧：为了方便配置，建议先备份 smb.conf，一旦发现错误可以随时从备份文件中恢复主配置文件，操作如下。

[root@Server01 ~]# **cd /etc/samba; ls**
[root@Server01 samba]# **cp smb.conf　smb.conf.bak; cd**

　　2. Share Definitions 共享服务的定义

　　Share Definitions 设置对象为共享目录和打印机，如果想发布共享资源，需要对 Share Definitions 部分进行配置。Share Definitions 字段非常丰富，设置灵活。

　　我们先来看几个常用的字段。

　　（1）设置共享名。共享资源发布后，必须为每个共享目录或打印机设置不同的共享名，供网络用户访问时使用，并且共享名可以与原目录名不同。

　　共享名的设置非常简单，格式如下。

[共享名]

　　（2）共享资源描述。网络中存在各种共享资源，为了方便用户识别，可以为其添加备注信息，方便用户查看共享资源的内容，格式如下。

comment = 备注信息

　　（3）共享路径。共享资源的原始完整路径可以使用 path 字段进行发布，务必正确指定，格式如下。

path = 绝对地址路径

　　（4）设置匿名访问。设置是否允许对共享资源进行匿名访问，可以更改 public 字段，格式如下。

public = yes　　　　　　　#允许匿名访问
public = no　　　　　　　 #禁止匿名访问

【例 5-1】samba 服务器中有个目录为/share，需要将该目录发布为共享目录，定义共享名为 public，要求：允许浏览、只读、允许匿名访问。设置如下所示。

```
[public]
    comment = public
    path = /share
    browseable = yes
    read only = yes
    public = yes
```

（5）设置访问用户。如果共享资源存在重要数据，需要对访问用户进行审核，则可以使用 valid users 字段进行设置，格式如下。

```
valid users = 用户名
valid users = @组名
```

【例 5-2】samba 服务器/share/tech 目录中存放了公司技术部数据，只允许技术部员工和经理访问，技术部组为 tech，经理账号为 manager。设置如下。

```
[tech]
        comment=tech
        path=/share/tech
        valid users=@tech,manager
```

（6）设置目录只读。共享目录如果需要限制用户的读/写操作，可以通过 read only 实现，格式如下。

```
read only = yes                #只读
read only = no                 #读写
```

（7）设置过滤主机。注意网络地址的写法！相关示例如下。

```
hosts allow = 192.168.10.    server.abc.com
```

上述程序表示允许来自 192.168.10.0 或 server.abc.com 的访问者访问 samba 服务器资源。

```
hosts deny = 192.168.2.
```

上述程序表示不允许来自 192.168.2.0 网络的主机访问当前 samba 服务器资源。

【例 5-3】samba 服务器公共目录/public 中存放大量共享数据，为保证目录安全，仅允许192.168.10.0 网络的主机访问，并且只允许读取，禁止写入。

```
[public]
        comment=public
        path=/public
        public=yes
        read only=yes
        hosts allow = 192.168.10.0
```

（8）设置目录可写。如果共享目录允许用户进行写操作，可以使用 writable 或 write list 两个字段进行设置。

writable 格式：

```
writable = yes              #读写
writable = no               #只读
```

write list 格式：

```
write list = 用户名
write list = @组名
```

注意：[homes]为特殊共享目录，表示用户主目录。[printers]表示共享打印机。

任务 5-3　samba 服务的日志文件和密码文件

日志文件对于 samba 非常重要，它存储着客户端访问 samba 服务器的信息，以及 samba 服务的错误提示信息等，可以通过分析日志，帮助解决客户端访问和服务器维护等问题。

1. samba 服务日志文件

在/etc/samba/smb.conf 文件中，log file 为设置 samba 日志的字段，如下所示。

```
log file = /var/log/samba/log.%m
```

samba 服务的日志文件默认存放在/var/log/samba/中，其中 samba 会为每个连接到 samba 服务器的计算机分别建立日志文件。使用 ls -a　/var/log/samba 命令可以查看日志的所有文件。

当客户端通过网络访问 samba 服务器后，会自动添加客户端的相关日志。所以，Linux 管理员可以根据这些文件来查看用户的访问情况和服务器的运行情况。另外，当 samba 服务器工作异常时，也可以通过/var/log/samba/日志文件进行分析。

2. samba 服务密码文件

samba 服务器发布共享资源后，客户端访问 samba 服务器，需要提交用户名和密码进行身份验证，验证合格后才可以登录。samba 服务为了实现客户身份验证功能，将用户名和密码信息存放在/etc/samba/smbpasswd 中，在客户端访问时，将用户提交的资料与 smbpasswd 中存放的信息进行比对，只有相同，并且 samba 服务器其他安全设置允许，客户端与 samba 服务器的连接才能建立成功。

那么如何建立 samba 账号呢？samba 账号并不能直接建立，需要先建立 Linux 同名的系统账号。例如，如果要建立一个名为 yy 的 samba 账号，那么 Linux 操作系统中必须提前存在一个同名的 yy 系统账号。

在 samba 中，添加账号的命令为 smbpasswd，格式如下。

```
smbpasswd　-a　用户名
```

【例 5-4】在 samba 服务器中添加 samba 账号 reading。

（1）建立 Linux 操作系统账号 reading。

```
[root@Server01 ~]# useradd　reading
[root@Server01 ~]# passwd　reading
```

（2）添加 reading 用户的 samba 账号。

```
[root@Server01 ~]# smbpasswd　-a　reading
```

samba 账号添加完毕。如果在添加 samba 账号时输入完两次密码后出现错误信息"Failed to modify password entry for user amy"，则是因为 Linux 本地用户里没有 reading 这个用户，在 Linux 操作系统中添加就可以了。

提示：在建立 samba 账号之前，一定要先建立一个与 samba 账号同名的系统账号。

经过上面的设置，再次访问 samba 共享文件时就可以使用 reading 账号了。

任务 5-4　user 服务器实例解析

在 RHEL 8 中，samba 服务程序默认使用的是用户口令认证（user）模式。这种认证模式可以确保仅让有密码且受信任的用户访问共享资源，而且验证过程十分简单。

【例 5-5】如果公司有多个部门，因工作需要，就必须分门别类地建立相应部门的目录。要求将销售部的资料存放在 samba 服务器的/companydata/sales/目录下集中管理，以便销售人员浏览，并且该目录只允许销售部员工访问。

分析：在/companydata/sales/目录中存放有销售部的重要数据，为了保证其他部门无法查看其内容，需要将全局配置中的 security 设置为 user 安全级别。这样就启用了 samba 服务器的身份验证机制。然后在共享目录/companydata/sales 下设置 valid users 字段，配置只允许销售部员工访问这个共享目录。

1. 在 Server01 上配置 samba 服务器（任务 5-1 已安装 samba 服务组件）

（1）建立共享目录，并在目录下建立测试文件。

```
[root@Server01 ~]# mkdir   /companydata
[root@Server01 ~]# mkdir   /companydata/sales
[root@Server01 ~]# touch   /companydata/sales/test_share.tar
```

（2）添加销售部用户和组并添加相应的 samba 账号。

1）使用 groupadd 命令添加 sales 组，然后执行 useradd 命令和 passwd 命令，以添加销售部员工的账号及密码。此处单独增加一个 test_user1 账号，不属于 sales 组，供测试用。

```
[root@Server01 ~]# groupadd   sales            #建立销售组 sales
[root@Server01 ~]# useradd  -g  sales  sale1    #建立用户 sale1，添加到 sales 组
[root@Server01 ~]# useradd  -g  sales  sale2    #建立用户 sale2，添加到 sales 组
[root@Server01 ~]# useradd   test_user1         #供测试用
[root@Server01 ~]# passwd  sale1                #设置用户 sale1 密码
[root@Server01 ~]# passwd  sale2                #设置用户 sale2 密码
[root@Server01 ~]# passwd  test_user1           #设置用户 test_user1 密码
```

2）为销售部成员添加相应的 samba 账号。

```
[root@Server01 ~]# smbpasswd  -a  sale1
[root@Server01 ~]# smbpasswd  -a  sale2
```

（3）修改 samba 主配置文件 vim   /etc/samba/smb.conf。直接在原文件末尾添加，但要注意将原文件的[global]删除或用"#"注释，文件中不能有两个同名的[global]。当然也可直接在原来的[global]上修改，示例如下。

```
39 [global]
40       workgroup = Workgroup
41       server string = File Server
42       security = user
43       #设置 user 安全级别模式，取默认值
44       passdb backend = tdbsam
45       printing = cups
46       printcap name = cups
47       load printers = yes
48       cups options = raw
49 [sales]
50       #设置共享目录的共享名为 sales
51       comment=sales
52       path=/companydata/sales
53       #设置共享目录的绝对路径
```

```
54        writable = yes
55        browseable = yes
56        valid users = @sales
57        #设置可以访问的用户为 sales 组
```

2. 设置本地权限、SELinux 和防火墙（Server01）

（1）设置共享目录的本地系统权限和属组。

```
[root@Server01 ~]# chmod    770    /companydata/sales -R
[root@Server01 ~]# chown   :sales   /companydata/sales -R
```

-R 选项是递归调用的，一定要加上。请读者再次复习前文的权限相关内容。

（2）更改共享目录和用户家目录的 context 值，或者禁用 SELinux。

```
[root@Server01 ~]# chcon -t samba_share_t /companydata/sales   -R
[root@Server01 ~]# chcon -t samba_share_t /home/sale1   -R
[root@Server01 ~]# chcon -t samba_share_t /home/sale2   -R
```

或者：

```
[root@Server01 ~]# getenforce
[root@Server01 ~]# setenforce Permissive
```

或者：

```
[root@Server01 ~]# setenforce 0
```

（3）让防火墙放行 samba 服务，这一步很重要。

```
[root@Server01 ~]# firewall-cmd --permanent --add-service=samba
[root@Server01 ~]# firewall-cmd --reload           //重新加载防火墙
[root@Server01 ~]# firewall-cmd --list-all
public (active)
......
    services: ssh dhcpv6-client samba          //已经加入防火墙的允许服务
    ......
```

（4）重新加载 samba 服务并设置开机时自动启动。

```
[root@Server01 ~]# systemctl restart smb
[root@Server01 ~]# systemctl enable smb
```

3. Windows 客户端访问 samba 共享服务器

设置完成后，进行测试，一般有两种测试方式：一是在 Windows 10 中利用资源管理器进行测试，二是利用 Linux 客户端进行测试。本例使用 Windows 10 来测试。以下的操作在 Client3 上进行。

（1）使用 UNC（Universal Naming Conversion，通用命名标准）路径直接访问 samba 服务器共享目录。依次选择"开始"→"运行"命令，使用 UNC 路径直接进行访问，如\\192.168.10.1。打开"Windows 安全中心"对话框，如图 5-3 所示。输入 sale1 或 sale2 及其密码，登录后可以正常访问。

试一试：注销 Windows 10 客户端，使用 test_user1 用户和密码登录会出现什么情况？

（2）使用映射网络驱动器访问 samba 服务器共享目录。Windows 10 默认不会在桌面上显示"此电脑"图标，这里需要"此电脑"图标在桌面上显示。

1）在桌面空白处右击，在弹出的快捷菜单中选择"个性化"命令。

2）单击"主题"→"桌面图标设置"命令。

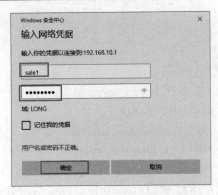

图 5-3 "Windows 安全中心"对话框

3）勾选"计算机"复选框，单击"应用"→"确定"按钮。

4）回到桌面，发现"此电脑"图标已在桌面上。

5）双击"此电脑"图标，如图 5-4 所示，单击"计算机"→"映射网络驱动器"下拉按钮。

6）在下拉列表中选择"映射网络驱动器"命令，在弹出的"映射网络驱动器"对话框中选择 Z 驱动器，并输入 sales 共享目录的地址，如\\192.168.10.1\sales，如图 5-5 所示，单击"完成"按钮。

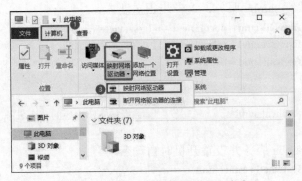

图 5-4 选择"映射网络驱动器"命令

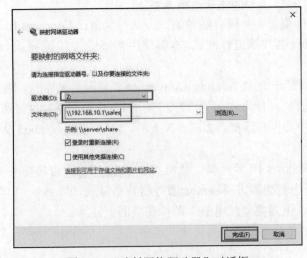

图 5-5 "映射网络驱动器"对话框

7）在接下来的对话框中输入可以访问 sales 共享目录的 samba 账号和密码。

8）再次双击"此电脑"图标，驱动器 Z 就是共享目录 sales，可以很方便地对其进行访问了，如图 5-6 所示。

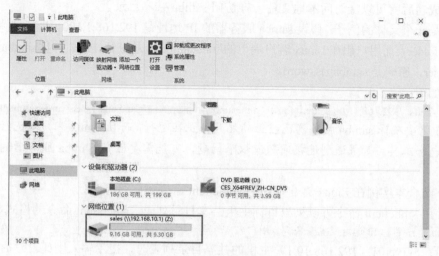

图 5-6 成功设置网络驱动器 Z

特别提示：samba 服务器在将本地文件系统共享给 samba 客户端时，涉及本地文件系统权限和 samba 共享权限。当客户端访问共享资源时，最终的权限是这两种权限中最严格的。在后面的实例中，不再单独设置本地权限。如果读者对权限不是很熟悉，请参考前面项目 4 的相关内容。

4. Linux 客户端访问 samba 共享服务器

在 Linux 客户端中访问 samba 共享服务器，你可以通过以下两种方式。

（1）使用 smbclient 命令访问。smbclient 是一个用于访问 SMB/CIFS 共享的命令行工具。首先，需要安装 samba-client 或 cifs-utils 软件包（取决于你的 Linux 发行版）。在 Linux 中，samba 客户端使用 smbclient 这个程序来访问 samba 服务器时，先要确保客户端已经安装了 samba-client。

```
[root@client ~]# dnf install samba-client -y
```

安装完成后，可以使用 smbclient 命令连接到 samba 共享服务器。

访问 samba 共享服务器的命令的基本格式如下：

```
smbclient //samba_server_ip_address/share_name -U username
```

其中，samba_server_ip_address 是 samba 服务器的 IP 地址，share_name 是要访问的共享文件夹的名称，username 是 samba 用户名。

连接成功后，可以使用 smbclient 提供的命令来浏览、下载、上传文件等。例如，使用 get 命令下载文件，使用 put 命令上传文件。

（2）挂载 samba 共享目录。如果用户更习惯使用图形界面或文件系统的方式来访问 samba 共享，可以将 samba 共享目录挂载到 Linux 本地文件系统的某个目录下。这需要使用 mount 命令，并指定 cifs（Common Internet File System）作为文件系统类型。

命令的基本格式如下：

```
mount -t cifs //samba 服务器 IP 地址/共享文件夹名称 /本地挂载点 -o username=Samba 用户名,
```

password=samba 用户密码

其中，//samba 服务器 IP 地址/共享文件夹名称是 samba 共享文件的路径，/本地挂载点是 Linux 本地挂载文件夹的路径，-o 选项后面跟着的是挂载选项，这里指定了用户名和密码。

挂载成功后就可以像访问本地文件一样访问 samba 共享目录了。

以下是一个具体的例子：假设 samba 服务器的 IP 地址是 192.168.1.100，共享文件夹的名称是 shared_folder，而用户想在 Linux 客户端上的/mnt/samba 目录进行挂载，并且 samba 的用户名是 sambauser，密码是 sambapassword。

命令如下：

```
mount -t cifs //192.168.1.100/shared_folder /mnt/samba -o username=sambauser,password=sambapassword
```

注意：需要确保 samba 服务器已经正确配置并正在运行，而且 Linux 客户端已经安装了必要的软件包和工具。如果遇到连接问题或权限问题，可能需要检查 Samba 服务器的配置和权限设置。

（3）结合本实例在 Linux 客户端使用 smbclient 命令访问服务器。

1）使用 smbclient 命令可以列出目标主机共享目录列表。smbclient 命令的格式如下。

```
smbclient -L 目标 IP 地址或主机名 -U 用户名%密码
```

当查看 Server01（192.168.10.1）主机的共享目录列表时，提示输入密码。这时可以不输入密码，而直接按"Enter"键，表示匿名登录，然后显示匿名用户可以看到的共享目录列表。

```
[root@@Client1 ~]# smbclient  -L  192.168.10.1
```

若想使用 samba 账号查看 samba 服务器共享的目录，可以加上-U 选项，后面接用户名%密码。下面的命令显示只有 sale2 账号（其密码为 12345678）才有权限浏览和访问的 sales 共享目录。

```
[root@@Client1 ~]# smbclient  -L  192.168.10.1  -U  sale2%12345678
```

注意：不同用户使用 smbclient 命令浏览的结果可能是不一样的，这由服务器设置的访问控制权限而定。

2）还可以使用 smbclient 命令行共享访问模式浏览共享的资料。smbclient 命令行共享访问模式的命令格式如下。

```
smbclient //目标 IP 地址或主机名/共享目录  -U  用户名%密码
```

下面的命令运行后，将进入交互式界面（输入"?"可以查看具体命令）。

```
[root@@Client1 ~]# smbclient  //192.168.10.1/sales  -U  sale2%12345678
Try "help" to get a list of possible commands.
smb: \> ls

  test_share.tar                  A      0    Mon Jul 16 18:39:03 2018

          9754624 blocks of size 1024. 9647416 blocks available
smb: \> mkdir testdir              //新建一个目录进行测试
smb: \> ls

  test_share.tar                  A      0    Mon Jul 16 18:39:03 2018
  testdir                         D      0    Mon Jul 16 21:15:13 2018
```

```
      9754624 blocks of size 1024. 9647416 blocks available
smb: \> exit
[root@@Client1 ~]#
```

另外，使用 smbclient 登录 samba 服务器后，可以使用 help 查询支持的命令。

（4）结合本实例在 Linux 客户端使用 mount 命令挂载共享目录。mount 命令挂载共享目录的格式如下。

```
mount -t cifs //目标 IP 地址或主机名/共享目录名称 挂载点 -o username=用户名
```

以下命令的执行结果为将 192.168.10.1 主机上的共享目录 sales 挂载到/smb/sambadata 目录下，cifs 是 samba 使用的文件系统。

```
[root@@Client1 ~]# mkdir -p /smb/sambadata
[root@@Client1 ~]# mount -t cifs //192.168.10.1/sales /smb/sambadata/ -o username=sale1
Password for sale1@//192.168.10.1/sales:  ********   //输入 sale1 的 samba 用户密码，不是系统用户密码
[root@@Client1 ~]# cd /smb/sambadata
[root@@Client1 sambadata]# ls
testdir   test_share.tar
root@Client1 sambadata]# cd
```

5. Linux 客户端访问 Windows 共享服务器

在客户端 Client1 上直接使用命令 smbclient 可以访问 Windows 共享服务器，示例如下。

```
[root@Server01 ~]# smbclient -L //192.168.10.31   -U administrator
Enter SAMBA\administrator's password:

        Sharename       Type        Comment
        ---------       ----        -------
        ADMIN$          Disk        远程管理
        C$              Disk        默认共享
        IPC$            IPC         远程  IPC
SMB1 disabled -- no workgroup available
[root@Server01 ~]#
```

任务 5-5 配置可匿名访问的 samba 服务器

接任务 5-4，那么如何配置可匿名访问的 samba 服务器呢？

【例 5-6】公司需要添加 samba 服务器作为文件服务器，工作组名为 Workgroup，共享目录为/share，共享名为 public，这个共享目录允许公司所有员工下载文件，但不允许上传文件。

分析：这个案例属于 samba 的基本配置，既然允许所有员工访问，就需要为每个用户建立一个 samba 账号，那么如果公司拥有大量用户呢？1000 个用户，甚至 100000 个用户，每个用户都设置一个 samba 账号会非常麻烦，可以采用匿名账户 nobody 访问，这样实现起来非常简单。

（1）参考步骤。

1）在 Server01 上建立/share 目录，并在其下建立测试文件，设置共享文件夹本地系统权限。

```
[root@Server01  ~]# mkdir  /share ; touch  /share/test_share.tar
[root@Server01  ~]# chmod 645  /share -R
```

2）修改 samba 主配置文件 smb.conf。

```
[root@Server01  ~]# vim   /etc/samba/smb.conf
```

在任务 5-4 的基础上修改配置文件，与任务 5-4 配置文件一样的内容不再显示出来。

```
39      [global]
             ……
44              map to guest = bad user
             ……
50      [public]
51              comment=public
52              path=/share
53              guest ok=yes
54              #允许匿名用户访问
55              browseable=yes
56              #在客户端显示共享的目录
57              public=yes
58              #最后设置允许匿名访问
59              read only = yes
```

3）让防火墙放行 samba 服务。在任务 5-4 中已详细设置，这里不再赘述。

注意：以下实例，不再考虑防火墙和 SELinux 的设置，但不意味着防火墙和 SELinux 不用设置。（ firewall-cmd --permanent --add-service=samba、firewall-cmd --reload。）

4）更改共享目录的 context 值。

```
[root@Server01  ~]# chcon -t samba_share_t /share
```

提示：可以使用 getenforce 命令查看 "SELinux" 防火墙是否被强制实施（默认是这样），如果不被强制实施，步骤 3）和步骤 4）可以省略。使用命令 setenforce 1 可以设置强制实施防火墙，使用命令 setenforce 0 可以取消强制实施防火墙（注意是数字 "1" 和数字 "0"）。

5）重新加载配置。可以使用 restart 命令重新启动服务或者使用 reload 命令重新加载配置。

```
[root@Server01  ~]# systemctl restart smb
```

或者：

```
[root@Server01  ~]# systemctl reload smb
```

注意：重启 samba 服务，虽然可以让配置生效，但是 restart 命令是先关闭 samba 服务再开启服务，这样在公司网络运营过程中肯定会对客户端员工的访问造成影响，建议使用 reload 命令重新加载配置文件使其生效，这样不需要中断服务就可以重新加载配置。

通过以上对 samba 服务器的设置，用户不需要输入账号和密码就可直接登录 samba 服务器并访问 public 共享目录了。在 Windows 客户端可以用 UNC 路径测试，方法是在 Windows 10（Client3）资源管理器地址栏中输入\\192.168.10.1，但出现了错误，如图 5-7 所示。

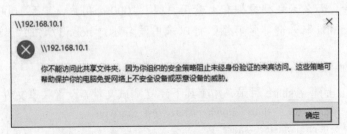

图 5-7 Windows 10 默认不允许匿名访问

（2）解决 Windows 10 默认不允许匿名访问的问题。

1）在 Client3 的命令提示符下输入命令"gpedit.msc"，并单击"确定"按钮。

2）待本地组策略编辑器弹出后，依次选择"计算机管理"→"管理模板"→"网络"→"lanman 工作站"命令。

3）在右侧窗口找到"启用不安全的来宾登录"选项，将之调整为"已启用"，单击"应用"→"确定"按钮。

4）重启设备再次测试。

注意：①完成实训后记得恢复到正常默认，即删除或注释掉 map to guest = bad user。②samba 共享文件能看到目录但看不到内容的解决方法为：编辑/etc/sysconfig/selinux/config 文件，将 SELINUX=enforcing 改为 SELINUX=disabled，然后重启系统即可。

5.4 拓展阅读：中国计算机的主奠基者

在我国计算机发展的历史"长河"中，有一位做出突出贡献的科学家，他也是中国计算机的主奠基者，你知道他是谁吗？

他就是华罗庚教授——我国计算技术的奠基人和最主要的开拓者之一。华罗庚教授在数学上的造诣和成就深受世界科学家的赞赏。在美国任访问研究员时，华罗庚教授的心里就已经开始勾画我国电子计算机事业的蓝图了！

华罗庚教授于 1950 年回国，1952 年在全国高等学校院系调整时，他从清华大学电机系物色了闵乃大、夏培肃和王传英三位科研人员，在他任所长的中国科学院应用数学研究所内建立了中国第一个电子计算机科研小组。1956 年筹建中国科学院计算技术研究所时，华罗庚教授担任筹备委员会主任。

5.5 项目实训：配置与管理 samba 服务器

项目实录 配置与管理
samba 服务器

1．视频位置

实训前请扫描二维码观看"项目实录 配置与管理 samba 服务器"慕课。

2．项目背景

某公司有 system、develop、productdesign 和 test 等 4 个小组，个人办公操作系统为 Windows 10，少数开发人员采用 Linux 操作系统，服务器操作系统为 RHEL 8，需要设计一套建立在 RHEL 8 之上的安全文件共享方案。每个用户都有自己的网络磁盘，develop 组到 test 组有共用的网络硬盘，所有用户（包括匿名用户）有一个只读共享资料库；所有用户（包括匿名用户）要有一个存放临时文件的文件夹。samba 服务器搭建网络拓扑如图 5-8 所示。

3．项目要求

（1）system 组具有管理所有 samba 空间的权限。

（2）各部门的私有空间：各小组拥有自己的空间，除了小组成员及 system 组有权限以外，其他用户不可访问（包括列表、读和写）。

（3）资料库：所有用户（包括匿名用户）都具有读取权限而不具有写入数据的权限。

（4）develop 组与 test 组之外的用户不能访问 develop 组与 test 组的共享空间。

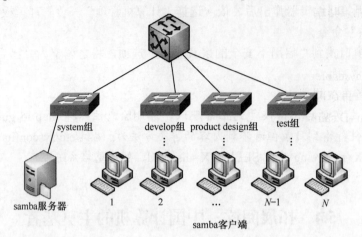

图 5-8　samba 服务器搭建网络拓扑

（5）公共临时空间：让所有用户可以读取、写入、删除。

4. 深度思考

在观看视频时思考以下几个问题。

（1）用 mkdir 命令建立共享目录，可以同时建立多少个目录？

（2）chown、chmod、setfacl 这些命令如何熟练应用？

（3）组账户、用户账户、samba 账户等的建立过程是怎样的？

（4）useradd 的各类选项（-g、-G、-d、-s、-M）的含义分别是什么？

（5）权限 700 和 755 的含义是什么？请查找相关权限表示的资料，也可以向作者索要相关微课资源。

（6）不同用户登录后会有怎样的权限变化？

5. 做一做

根据项目要求及视频内容，将项目完整地完成。

5.6　练 习 题

一、填空题

1. samba 服务功能强大，使用＿＿＿＿协议，英文全称是＿＿＿＿。

2. SMB 经过开发，可以直接运行于 TCP/IP 上，使用 TCP 的＿＿＿＿端口。

3. samba 服务由两个进程组成，分别是＿＿＿＿和＿＿＿＿。

4. samba 服务软件包包括＿＿＿＿、＿＿＿＿、＿＿＿＿和＿＿＿＿（不要求版本号）。

5. samba 的配置文件一般就放在＿＿＿＿目录中，主配置文件名为＿＿＿＿。

6. samba 服务器有＿＿＿＿、＿＿＿＿、＿＿＿＿、＿＿＿＿和＿＿＿＿5 种安全模式，默认级别是＿＿＿＿。

二、选择题

1. 用 samba 共享了目录，但是在 Windows 网络邻居中却看不到它，应该在/etc/samba/smb.conf 中怎样设置才能正确工作？（   ）

    A．AllowWindowsClients=yes   B．Hidden=no

    C．Browseable=yes   D．以上都不是

2. （   ）命令可用来卸载 samba-3.0.33-3.7.el5.i386.rpm。

    A．rpm -D samba-3.0.33-3.7.el5   B．rpm -i samba-3.0.33-3.7.el5

    C．rpm -e samba-3.0.33-3.7.el5   D．rpm -d samba-3.0.33-3.7.el5

3. （   ）命令可以允许 198.168.0.0/24 访问 samba 服务器。

    A．hosts enable = 198.168.0.   B．hosts allow = 198.168.0.

    C．hosts accept = 198.168.0.   D．hosts accept = 198.168.0.0/24

4. 启动 samba 服务时，（   ）是必须运行的端口监控程序。

    A．nmbd   B．lmbd

    C．mmbd   D．smbd

5. 下面列出的服务器类型中，（   ）可以使用户在异构网络操作系统之间进行文件系统共享。

    A．FTP   B．samba

    C．DHCP   D．Squid

6. samba 服务的密码文件是（   ）。

    A．smb.conf   B．samba.conf

    C．smbpasswd   D．smbclient

7. 利用（   ）命令可以对 samba 的配置文件进行语法测试。

    A．smbclient   B．smbpasswd

    C．testparm   D．smbmount

8. 可以通过设置条目（   ）来控制访问 samba 共享服务器的合法主机名。

    A．allow hosts   B．valid hosts

    C．allow   D．publics

9. samba 的主配置文件中不包括（   ）。

    A．global 参数   B．directory shares 部分

    C．printers shares 部分   D．applications shares 部分

三、简答题

1. 简述 samba 服务器的应用环境。

2. 简述 samba 的工作流程。

3. 简述基本的 samba 服务器搭建流程的 5 个主要步骤。

四、实践习题

1.公司需要配置一台 samba 服务器,工作组名为 smile,共享目录为/share,共享名为 public,

该共享目录只允许 192.168.10.0/24 网段员工访问。请给出实现方案并上机调试。

2．如果公司有多个部门，因工作需要，必须分门别类地建立相应部门的目录。要求将技术部的资料存放在 samba 服务器的/companydata/tech/目录下集中管理，以便技术人员浏览，并且该目录只允许技术部员工访问。请给出实现方案并上机调试。

3．配置 samba 服务器，要求如下：samba 服务器上有个 tech1 目录，此目录只有 boy 用户可以浏览访问，其他用户都不可以浏览和访问。请灵活使用独立配置文件，给出实现方案并上机调试。

4．上机完成任务 5-4 和任务 5-5。

项目 6　配置与管理 DHCP 服务器

DHCP 服务器是常见的网络服务器。本项目将详细讲解在 Linux 操作平台下 DHCP 服务器的配置。

 学习要点

- 了解 DHCP 服务器在网络中的作用。
- 理解 DHCP 的工作过程。
- 掌握 DHCP 服务器的基本配置方法。
- 掌握 DHCP 客户端的配置和测试方法。

 素养要点

- 2020 年，在全球浮点运算性能最强的 500 台超级计算机中，中国部署的超级计算机数量继续位列全球第一。这是中国的自豪，也是中国崛起的重要见证。
- "三更灯火五更鸡，正是男儿读书时。黑发不知勤学早，白首方悔读书迟。"祖国的发展日新月异，我们拿什么报效祖国？唯有勤奋学习，惜时如金，才无愧盛世年华。

6.1　项目相关知识

DHCP 是一个局域网的网络协议，使用用户数据报协议（User Datagram Protocol，UDP）工作，其主要有两个用途：一是用于内部网或网络服务供应商自动分配 IP 地址；二是用于内部网管理员对所有计算机进行中央管理。

6.1.1　DHCP 服务器概述

DHCP 基于客户端/服务器模式，当 DHCP 客户端启动时，它会自动与 DHCP 服务器通信，要求提供自动分配 IP 地址的服务，而安装了 DHCP 服务软件的服务器则会响应要求。

配置与管理 DHCP 服务器

DHCP 是一个简化主机 IP 地址分配管理的 TCP/IP，用户可以利用 DHCP 服务器管理动态的 IP 地址分配及其他相关的环境配置工作，如 DNS 服务器、WINS 服务器、网关（gateway）的设置。

在 DHCP 机制中，DHCP 系统可以分为服务器和客户端两个部分，服务器使用固定的 IP 地址，在局域网中扮演着给客户端提供动态 IP 地址、DNS 配置和网关配置的角色。客户端与

IP 地址相关的配置，都在启动时由服务器自动分配。

6.1.2 DHCP 的工作过程

DHCP 客户端和服务器申请 IP 地址、获得 IP 地址的工作过程一般分为 4 个阶段，如图 6-1 所示。

图 6-1　DHCP 的工作过程

1. DHCP 客户端发送 IP 地址租用请求

当客户端启动网络时，由于网络中的每台机器都需要有一个地址，所以此时的计算机 TCP/IP 地址与 0.0.0.0 绑定在一起。它会发送一个"DHCP Discover"（DHCP 发现）广播信息包到本地子网。该信息包发送给 UDP 端口 67，即 DHCP/BOOTP 服务器端口。

2. DHCP 服务器提供 IP 地址

本地子网的每一个 DHCP 服务器都会接收"DHCP Discover"信息包。每个接收到请求的 DHCP 服务器都会检查它是否有提供给请求客户端的有效空闲地址，如果有，则以"DHCP Offer"（DHCP 提供）信息包作为响应。该信息包括有效的 IP 地址、子网掩码、DHCP 服务器的 IP 地址、租用期限，以及其他有关 DHCP 范围的详细配置。所有发送"DHCP Offer"信息包的服务器将保留它们提供的这个 IP 地址（该地址暂时不能分配给其他的客户端）。"DHCP Offer"信息包广播发送到 UDP 端口 68，即 DHCP/BOOTP 客户端端口。响应是以广播的方式发送的，因为客户端没有能直接寻址的 IP 地址。

3. DHCP 客户端选择 IP 地址租用

客户端通常对第一个提议产生响应，并以广播的方式发送"DHCP Request"（DHCP 请求）信息包作为回应。该信息包告诉服务器"是的，我想让你给我提供服务。我接收你给我的租用期限"。另外，一旦信息包以广播方式发送，网络中的所有 DHCP 服务器都可以看到该信息包，那些提议没有被客户端承认的 DHCP 服务器将保留的 IP 地址返回给它的可用地址池。客户端还可利用 DHCP Request 询问服务器的其他配置选项，如 DNS 服务器或网关地址。

4. DHCP 服务器确认 IP 地址租用

当服务器接收到"DHCP Request"信息包时，它以一个"DHCP Acknowledge"（DHCP 确认）信息包作为响应。该信息包提供了客户端请求的任何其他信息，并且也是以广播方式发送的。该信息包告诉客户端"一切准备好。记住你只能在有限时间内租用该地址，而不能永久占据！好了，以下是你询问的其他信息"。

注意：客户端执行 DHCP Discover 后，如果没有 DHCP 服务器响应客户端的请求，则客户端会随机使用 169.254.0.0/16 网段中的一个 IP 地址配置本机地址。

6.1.3　DHCP 服务器分配给客户端的 IP 地址类型

在客户端向 DHCP 服务器申请 IP 地址时，服务器并不总是给它一个动态的 IP 地址，而是根据实际情况决定。

1. 动态 IP 地址

客户端从 DHCP 服务器取得的 IP 地址一般都不是固定的，而是每次都可能不一样。在 IP 地址有限的企业内，动态 IP 地址可以最大化地达到资源的有效利用。它的利用原理并不是每个员工都会同时上线，而是优先为上线的员工提供 IP 地址，离线之后再收回。

2. 静态 IP 地址

客户端从 DHCP 服务器取得的 IP 地址也并不总是动态的。例如，有的企业除了员工用计算机，还有数量不少的服务器，这些服务器如果也使用动态 IP 地址，则不但不利于管理，客户端访问起来也不方便。该怎么办呢？我们可以设置 DHCP 服务器记录特定计算机的 MAC 地址，然后为每个 MAC 地址分配一个固定的 IP 地址。

至于如何查询网卡的 MAC 地址，根据网卡是本机还是远程计算机，采用的方法也有所不同。

小资料：什么是 MAC 地址？MAC 地址也叫作物理地址或硬件地址，是由网络设备制造商生产时写在硬件内部的（网络设备的 MAC 地址都是唯一的）。在 TCP/IP 网络中，从表面上来看是通过 IP 地址进行数据传输的，但实际上最终是通过 MAC 地址来区分不同节点的。

（1）查询本机网卡的 MAC 地址。这个很简单，使用 ifconfig 命令。

（2）查询远程计算机网卡的 MAC 地址。既然 TCP/IP 网络通信最终要用到 MAC 地址，那么使用 ping 命令当然也可以获取对方的 MAC 地址信息，只不过它不会显示出来，要借助其他工具来完成。

```
[root@Server01 ~]# ifconfig
[root@Server01 ~]# ping   -c   1 192.168.10.21        //ping 远程计算机 1 次
[root@Server01 ~]# arp   -n                           //查询缓存在本地的远程计算机中的 MAC 地址
```

6.2　项目设计与准备

6.2.1　项目设计

部署 DHCP 之前应该先进行规划，明确哪些 IP 地址自动分配给客户端（作用域中应包含的 IP 地址），哪些 IP 地址手动指定给特定的服务器。例如，在本项目中，IP 地址要求如下。

（1）适用的网络是 192.168.10.0/24，网关为 192.168.10.254。

（2）192.168.10.1～192.168.10.30 网段地址是服务器的固定地址。

（3）客户端可以使用的地址段为 192.168.10.31～192.168.10.200，但 192.168.10.105、192.168.10.107 为保留地址。

注意：手动配置的 IP 地址一定要排除掉保留地址，或者采用地址池以外的可用 IP 地址，否则会造成 IP 地址冲突。

6.2.2 项目准备

部署 DHCP 服务应满足下列需求。

（1）安装 Linux 企业版服务器，作为 DHCP 服务器。

（2）DHCP 服务器的 IP 地址、子网掩码、DNS 服务器等 TCP/IP 参数必须手动指定，否则将不能为客户端分配 IP 地址。

（3）DHCP 服务器必须拥有一组有效的 IP 地址，以便自动分配给客户端。

（4）如果不特别指出，则所有 Linux 的虚拟机网络连接方式都选择 VMnet1（仅主机模式），如图 6-2 所示。请读者特别留意！

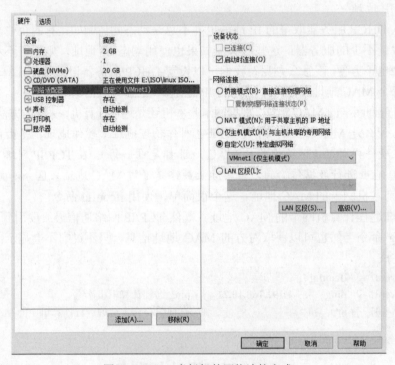

图 6-2　Linux 虚拟机的网络连接方式

（5）本项目要用到 Server01、Client1、Client2 和 Client3，设备情况如表 6-1 所示。

表 6-1　设备情况

主机名	操作系统	IP 地址	网络连接方式
DHCP 服务器：Server01	RHEL 8	192.168.10.1/24	VMnet1（仅主机模式）
Linux 客户端：Client1	RHEL 8	自动获取	VMnet1（仅主机模式）
Linux 客户端：Client2	RHEL 8	保留地址	VMnet1（仅主机模式）
Windows 客户端：Client3	Windows 10	自动获取	VMnet1（仅主机模式）

6.3 项 目 实 施

配置与管理 DHCP
服务器

任务 6-1 在服务器 Server01 上安装 DHCP 服务器

（1）检测系统是否已经安装了 DHCP 相关软件。

[root@Server01 ~]# **rpm -qa | grep   dhcp**

（2）如果系统还没有安装 DHCP 软件包，则可以使用 dnf 命令安装所需软件包。

1）挂载 ISO 映像文件。

[root@Server01 ~]# **mount   /dev/cdrom   /media**

2）制作用于安装的 yum 源文件（详见项目 1 中的相关内容）。

[root@Server01 ~]# **vim   /etc/yum.repos.d/dvd.repo**

3）使用 dnf 命令查看 DHCP 软件包的信息。

[root@Server01 ~]# **dnf   info dhcp-server**

4）使用 dnf 命令安装 DHCP 软件包。

[root@Server01 ~]# **dnf clean all**   //安装前先清除缓存

[root@Server01 ~]# **dnf   install   dhcp-server   -y**

软件包安装完毕，可以使用 rpm 命令再一次查询，结果如下。

[root@Server01 ~]# **rpm -qa | grep dhcp**

dhcp-server-4.3.6-40.el8.x86_64

dhcp-common-4.3.6-40.el8.noarch

dhcp-client-4.3.6-40.el8.x86_64

dhcp-libs-4.3.6-40.el8.x86_64

试一试：如果执行 dnf   install   dhcp*命令，则结果是怎样的？读者不妨一试。

任务 6-2 熟悉 DHCP 主配置文件

基本的 DHCP 服务器搭建流程如下。

（1）编辑主配置文件/etc/dhcp/dhcpd.conf，指定 IP 地址作用域（指定一个或多个 IP 地址范围）。

（2）建立租用数据库文件。

（3）重新加载配置文件或重新启动 dhcpd 服务使配置生效。

DHCP 的工作流程如图 6-3 所示。

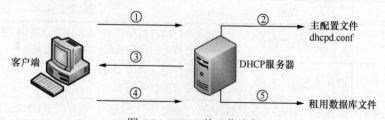

图 6-3 DHCP 的工作流程

（1）客户端发送广播向服务器申请 IP 地址。

（2）服务器收到请求后查看主配置文件 dhcpd.conf，先根据客户端的 MAC 地址查看是否为客户端设置了固定 IP 地址。

（3）如果为客户端设置了固定 IP 地址，则将该 IP 地址发送给客户端。如果没有设置固定 IP 地址，则将地址池中的 IP 地址发送给客户端。

（4）客户端收到服务器回应后，给予服务器回应，告诉服务器已经使用了分配的 IP 地址。

（5）服务器将相关租用信息存入租用数据库文件。

1. 主配置文件 dhcpd.conf

（1）复制样例文件到主配置文件。默认主配置文件（/etc/dhcp/dhcpd.conf）没有任何实质内容，打开查阅，发现里面有一句话 "see /usr/share/doc/dhcp-server/dhcpd.conf.example"。下面复制样例文件到主配置文件。

```
[root@Server01 ~]# cp /usr/share/doc/dhcp-server/dhcpd.conf.example /etc/dhcp/dhcpd.conf
[root@Server01 ~]#
```

（2）dhcpd.conf 主配置文件的组成部分包括 parameters（参数）、declarations（声明）、option（选项）。

（3）dhcpd.conf 主配置文件的整体框架。dhcpd.conf 包括全局配置和局部配置。全局配置可以包含参数或选项，该部分对整个 DHCP 服务器生效。局部配置通常由声明部分表示，该部分仅对局部生效，例如，只对某个 IP 地址作用域生效。

dhcpd.conf 文件的格式如下。

```
#全局配置
参数或选项;              #全局生效
#局部配置
声明 {
      参数或选项;         #局部生效
      }
```

DHCP 范本配置文件内容包含了部分参数或选项，以及声明的用法，其中注释部分可以放在任何位置，并以 "#" 开头，当一行内容结束时，以 ";" 结束，花括号所在行除外。

可以看出整个配置文件分成全局和局部两个部分，但是并不容易看出哪些属于参数，哪些属于声明和选项。

2. 常用参数

参数主要用于设置服务器和客户端的动作或者是否执行某些任务，如设置 IP 地址租用时间、是否检查客户端使用的 IP 地址等，如表 6-2 所示。

表 6-2 dhcpd 服务程序配置文件中的常用参数说明

参数	作用	详细说明
default-lease-time	设置默认租约时间	指定客户端可以保持 IP 地址的默认时间（秒）。如果客户端未请求特定的租期长度，将使用此值
max-lease-time	设置最大租约时间	指定客户端可租用 IP 地址的最长时间（秒）。此值限制了客户端请求的租期长度
option domain-name	指定客户端的 DNS 域名	为客户端提供一个域名，这将用于 DNS 解析
option domain-name-servers	设置 DNS 服务器地址	提供一个或多个 DNS 服务器的 IP 地址，供客户端使用
option routers	定义默认网关	指定客户端应使用的默认网关的 IP 地址

参数	作用	详细说明
option subnet-mask	设置子网掩码	指定客户端子网的子网掩码
authoritative	声明服务器为权威 DHCP 服务器	此声明指定服务器是网络中的权威 DHCP 服务器，可以发送拒绝 DHCP 请求的消息
subnet	定义子网开始	用于定义网络的 IP 地址范围。此声明后通常跟有子网掩码和相关配置
range	指定 IP 地址范围	在 subnet 声明中使用，指定一个 IP 地址范围用于动态分配给客户端
host	定义一个特定的主机	用于指定特定设备的固定 IP 地址配置，通常包括设备的 MAC 地址和分配给它的静态 IP

3. 常用声明介绍

声明一般用来指定 IP 地址作用域、定义为客户端分配的 IP 地址池等。声明格式如下。

```
声明 {
    选项或参数;
}
```

常见声明的使用如下。

（1）格式：subnet 网络号 netmask 子网掩码{……}。

作用：定义作用域，指定子网。

```
subnet   192.168.10.0    netmask   255.255.255.0  {
                ……

                                          }
```

注意：网络号至少要与 DHCP 服务器的其中一个网络号相同。

（2）格式：range dynamic-bootp　起始 IP 地址　结束 IP 地址。

作用：指定动态 IP 地址范围。

```
range dynamic-bootp    192.168.10.100    192.168.10.200
```

注意：可以在 subnet 声明中指定多个 range，但多个 range 定义的 IP 地址范围不能重复。

4. 常用选项

选项通常用来配置 DHCP 客户端的可选参数，如定义客户端的 DNS 地址、默认网关等。选项内容都是以 option 关键字开始的。

常用选项如下。

（1）格式：option routers　IP 地址。

作用：为客户端指定默认网关。

```
option routers    192.168.10.254
```

（2）格式：option subnet-mask　子网掩码。

作用：设置客户端的子网掩码。

```
option subnet-mask     255.255.255.0
```

（3）格式：option domain-name-servers　IP 地址。

作用：为客户端指定 DNS 服务器地址。

```
option   domain-name-servers      192.168.10.1
```

注意：（1）～（3）项可以用在全局配置中，也可以用在局部配置中。

5. IP 地址绑定

DHCP 中的 IP 地址绑定用于给客户端分配固定 IP 地址。例如，服务器需要使用固定 IP 地址就可以使用 IP 地址绑定，通过 MAC 地址与 IP 地址的对应关系为指定的物理地址计算机分配固定 IP 地址。

整个配置过程需要用到 host 声明和 hardware、fixed- address 参数。

（1）格式：host　主机名 {……}。

作用：用于定义保留地址。例如：

host　computer1{……}

注意：该项通常搭配 subnet 声明使用。

（2）格式：hardware　类型　硬件地址。

作用：定义网络接口类型和硬件地址。常用类型为以太网（ethernet），硬件地址为 MAC 地址。例如：

hardware　ethernet　3a:b5:cd:32:65:12

（3）格式：fixed-address　IP 地址。

作用：定义 DHCP 客户端指定的 IP 地址。

fixed-address　192.168.10.105

注意：（2）、（3）项只能应用于 host 声明中。

6. 租用数据库文件

租用数据库文件用于保存一系列的租用声明，其中包含客户端的主机名、MAC 地址、分配到的 IP 地址，以及 IP 地址的有效期等相关信息。这个数据库文件是可编辑的 ASCII 格式文本文件。每当租约有变化时，都会在文件结尾添加新的租用记录。

DHCP 服务器刚安装好时，租用数据库文件 dhcpd.leases 是空文件。

当 DHCP 服务器正常运行时，就可以使用 cat 命令查看租用数据库文件内容了。

cat　/var/lib/dhcpd/dhcpd.leases

任务 6-3　配置 DHCP 服务器的应用实例

现在完成一个简单的应用实例。

1. 实例需求

技术部有 60 台计算机，各台计算机的 IP 地址要求如下。

（1）DHCP 服务器和 DNS 服务器的地址都是 192.168.20.1/24，有效 IP 地址段为 192.168.20.1～192.168.20.254，子网掩码是 255.255.255.0，网关为 192.168.20.254。

（2）192.168.20.1～192.168.20.30 网段地址是服务器的固定地址。

（3）客户端可以使用的地址段为 192.168.20.31～192.168.20.200，但 192.168.20.105、192.168.20.107 为保留地址，其中 192.168.20.105 保留给 Client2。

（4）客户端 Client1 模拟所有的其他客户端，采用自动获取方式配置 IP 地址等信息。

2. 网络环境搭建

Linux 服务器和客户端的地址及 MAC 地址信息如表 6-3 所示（可以使用 VM 的"克隆"技术快速安装需要的 Linux 客户端，MAC 地址因读者的计算机不同而不同）。

表 6-3 Linux 服务器和客户端的详细信息

角色及主机名	操作系统	IP 地址/获取方式	MAC 地址
DHCP 服务器：Server01	RHEL 8	192.168.20.1/24	00:0C:29:2B:88:D8
Linux 客户端：Client1	RHEL 8	设置为自动获取，测试客户端	00:0C:29:DE:93:F4
Linux 客户端：Client2	RHEL 8	设置为保留地址，测试客户端	00:0C:29:2A:B5:C7

3 台安装了 RHEL 8 的计算机，网络连接模式都设为仅主机模式（VMnet1），其中，一台作为服务器，两台作为测试客户端。

3. 服务器配置

（1）定制全局配置和局部配置，局部配置需要把 192.168.20.0/24 声明出来，然后在该声明中指定一个 IP 地址池，范围为 192.168.20.31～192.168.20.200，但要去掉 192.168.20.105 和 192.168.20.107，其他分配给客户端使用。注意 range 的写法！

（2）要保证使用固定 IP 地址，就要在 subnet 声明中嵌套 host 声明，目的是单独为 Client2 设置固定 IP 地址，并在 host 声明中加入 IP 地址和 MAC 地址绑定的选项以申请固定 IP 地址。

使用 vim/etc/dhcp/dhcpd.conf 命令可以编辑 DHCP 配置文件，全部配置文件的内容如下。

```
ddns-update-style none;
log-facility local7;
subnet 192.168.20.0 netmask 255.255.255.0 {
    range 192.168.20.31 192.168.20.104;
    range 192.168.20.106 192.168.20.106;
    range 192.168.20.108 192.168.20.200;
    option domain-name-servers 192.168.20.1;
    option domain-name "myDHCP.smile60.cn";
    option routers 192.168.20.254;
    option broadcast-address 192.168.20.255;
    default-lease-time 600;
    max-lease-time 7200;
host    Client2{
        hardware ethernet 00:0C:29:2A:B5:C7;
        fixed-address 192.168.20.105;
        }
}
```

（3）配置完成保存并退出，重启 dhcpd 服务，并设置开机自动启动。

```
[root@Server01 ~]# systemctl restart dhcpd
[root@Server01 ~]# systemctl enable dhcpd
```

特别注意：如果 DHCP 启动失败，则可以使用 dhcpd 命令排错。

1）配置文件有问题。

● 内容不符合语法结构，如缺少分号。

● 声明的子网和子网掩码不匹配。

2）主机 IP 地址和声明的子网不在同一网段。

3）主机没有配置 IP 地址。

4）配置文件路径出问题，例如，在 RHEL 6 以下版本中，配置文件保存在/etc/dhcpd. conf,

但是在 RHEL 6 及以上版本中，却保存在/etc/dhcp/dhcpd.conf。

　　4. 在客户端 Client1 上进行测试

　　注意： 在真实网络中，应该不会出现客户端获取错误的动态 IP 地址的问题。但如果使用的是 VMWare 12 或其他类似的版本，虚拟机中的 DHCP 客户端可能会获取到 192.168.79.0 网络中的一个地址，与预期目标不符。这时需要关闭 VMnet8 和 VMnet1 的 DHCP 服务功能。

　　关闭 VMnet8 和 VMnet1 的 DHCP 服务功能的方法如下（本项目的服务器和客户端的网络连接模式都为 VMnet1）。

　　在 VMWare 主窗口中，依次单击"编辑"→"虚拟网络编辑器"命令，打开"虚拟网络编辑器"对话框，选中 VMnet1 或 VMnet8，去掉对应的 DHCP 服务启用选项，如图 6-4 所示。

图 6-4　"虚拟网络编辑器"对话框

　　（1）以 root 用户身份登录名为 Client1 的 Linux 客户端，依次单击"活动"→"显示应用程序"→"设置"→"网络"命令，打开"网络"对话框，如图 6-5 所示。

图 6-5　"网络"对话框

（2）单击图 6-5 所示的齿轮按钮 ⚙，在弹出的"有线"对话框中单击"IPv4"标签，并将"IPv4 Method"配置为"自动（DHCP）"，如图 6-6 所示，最后单击"应用"按钮。

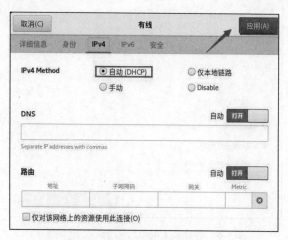

图 6-6　设置"自动（DHCP）"

（3）回到图 6-5 所示的界面，在图 6-5 中先关闭"有线"，再打开"有线"，最后单击齿轮按钮。这时会看到图 6-7 所示的结果：Client1 成功获取了 DHCP 服务器地址池的一个 IP 地址。

图 6-7　成功获取 IP 地址

5. 在客户端 Client2 上进行测试

同样以 root 用户身份登录名为 Client2 的 Linux 客户端，按前文"4. 在客户端 Client1 上进行测试"的方法，设置 Client2 自动获取 IP 地址，最后的结果如图 6-8 所示。

6. Windows 客户端配置（Client3）

（1）Windows 客户端比较简单，在 TCP/IP 属性中设置自动获取即可。

（2）在 Windows 命令提示符下，利用 ipconfig 命令可以释放 IP 地址，然后重新获取 IP 地址。

图 6-8　客户端 Client2 成功获取 IP 地址

相关命令如下。

- 释放 IP 地址：ipconfig　/release。
- 重新申请 IP 地址：ipconfig　/renew。

7. 在服务器 Server01 端查看租用数据库文件

`[root@Server01 ~]# cat　/var/lib/dhcpd/dhcpd.leases`

特别提示：限于篇幅，超级作用域和中继代理的相关内容，请扫描下页的二维码"项目实录　配置与管理 DHCP 服务器"观看慕课。

6.4　拓展阅读：中国的超级计算机

你知道全球超级计算机 500 强榜单吗？你知道中国目前的水平吗？

由国际组织"TOP500"编制的新一期全球超级计算机 500 强榜单于 2020 年 6 月 23 日揭晓。榜单显示，在全球浮点运算性能最强的 500 台超级计算机中，中国部署的超级计算机数量继续位列全球第一，达到 226 台，占总体份额超过 45%；"神威·太湖之光"和"天河二号"分列榜单第四、第五位。中国厂商联想、曙光、浪潮是全球前三的"超算"供应商，总交付数量达到 312 台，所占份额超过 62%。

全球超级计算机 500 强榜单始于 1993 年，每半年发布一次，是给全球已安装的超级计算机排名的知名榜单。

6.5　项目实训：配置与管理 DHCP 服务器

1. 视频位置

实训前请扫描二维码观看"项目实录　配置与管理 DHCP 服务器"慕课。

项目实录 配置与管理
DHCP 服务器

2. 项目背景

某企业计划构建一台 DHCP 服务器来解决 IP 地址动态分配的问题，要求能够分配 IP 地址以及网关、DNS 等其他网络属性信息。

（1）配置基本 DHCP。企业 DHCP 服务器和 DNS 服务器的 IP 地址均为 192.168.10.1，DNS 服务器的域名为 dns.long60.cn，默认网关地址为 192.168.10.254。

将 IP 地址 192.168.10.10/24 ～ 192.168.10.200/24 用于自动分配，将 IP 地址 192.168.10.100/24～192.168.10.120/24、192.168.10.10/24、192.168.10.20/24 排除，预留给需要手动指定 TCP/IP 参数的服务器，将 192.168.10.200/24 用作预留地址等。DHCP 服务器搭建网络拓扑如图 6-9 所示。

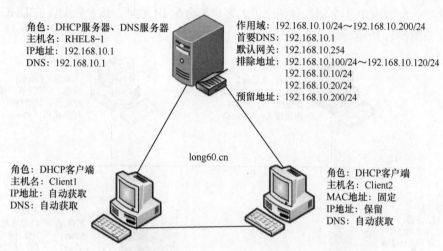

角色：DHCP服务器、DNS服务器
主机名：RHEL8-1
IP地址：192.168.10.1
DNS：192.168.10.1

作用域：192.168.10.10/24～192.168.10.200/24
首要DNS：192.168.10.1
默认网关：192.168.10.254
排除地址：192.168.10.100/24～192.168.10.120/24
　　　　　192.168.10.10/24
　　　　　192.168.10.20/24
预留地址：192.168.10.200/24

long60.cn

角色：DHCP客户端
主机名：Client1
IP地址：自动获取
DNS：自动获取

角色：DHCP客户端
主机名：Client2
MAC地址：固定
IP地址：保留
DNS：自动获取

图 6-9 DHCP 服务器搭建网络拓扑

（2）配置 DHCP 超级作用域。企业内部建立 DHCP 服务器，网络规划采用单作用域结构，使用 192.168.10.0/24 网段的 IP 地址。随着企业规模扩大，设备数量增多，现有的 IP 地址无法满足网络的需求，需要添加可用的 IP 地址。这时可以使用超级作用域增加 IP 地址，在 DHCP 服务器上添加新的作用域，使用 192.168.20.0/24 网段扩展网络地址的范围。该企业配置的 DHCP 超级作用域网络拓扑如图 6-10 所示（注意各虚拟机网卡的不同网络连接方式）。

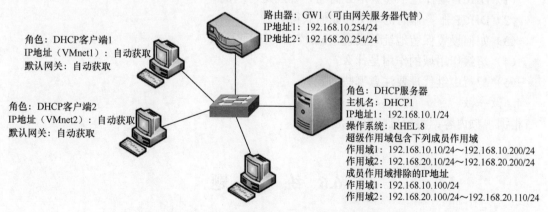

路由器：GW1（可由网关服务器代替）
IP地址1：192.168.10.254/24
IP地址2：192.168.20.254/24

角色：DHCP客户端1
IP地址（VMnet1）：自动获取
默认网关：自动获取

角色：DHCP客户端2
IP地址（VMnet2）：自动获取
默认网关：自动获取

角色：DHCP服务器
主机名：DHCP1
IP地址1：192.168.10.1/24
操作系统：RHEL 8
超级作用域包含下列成员作用域
作用域1：192.168.10.10/24～192.168.10.200/24
作用域2：192.168.20.10/24～192.168.20.200/24
成员作用域排除的IP地址
作用域1：192.168.10.100/24
作用域2：192.168.20.100/24～192.168.20.110/24

图 6-10 该企业配置的 DHCP 超级作用域网络拓扑

GW1 是网关服务器，可以由带 2 块网卡的 RHEL 8 充当，2 块网卡分别连接虚拟机的 VMnet1 和 VMnet2。DHCP1 是 DHCP 服务器，作用域 1 的有效 IP 地址段为 192.168.10.10/24～192.

168.10.200/24，默认网关是 192.168.10.254，作用域 2 的有效 IP 地址段为 192.168.20.10/24~192.168.20.200/24，默认网关是 192.168.20.254。

2 台客户端分别连接到虚拟机的 VMnet1 和 VMnet2，DHCP 客户端的 IP 地址获取方式是自动获取。

DHCP 客户端 1 应该获取 192.168.10.0/24 网络中的 IP 地址，网关是 192.168.10.254。

DHCP 客户端 2 应该获取 192.168.20.0/24 网络中的 IP 地址，网关是 192.168.20.254。

（3）配置 DHCP 中继代理。企业内部存在两个子网，分别为 192.168.10.0/24、192.168.20.0/24，现在需要使用一台 DHCP 服务器为这两个子网客户机分配 IP 地址。该企业配置的 DHCP 中继代理网络拓扑如图 6-11 所示。

主机名：Client2
角色：DHCP客户端
IP地址：自动获取
连接模式：VMnet2

主机名：Client1
角色：DHCP客户端
IP地址：自动获取
连接模式：VMnet1

网络A

主机名：DHCP1
角色：DHCP服务器
IP地址1：192.168.10.1/24
默认网关：192.168.10.254
连接模式：VMnet1

DHCP服务器
作用域1：192.168.10.21~192.168.10.200
作用域2：192.168.20.21~192.168.20.200

主机名：GW1
角色：DHCP中继代理
不符合RFC1542规范的路由器
IP1（VMnet1）：192.168.10.254/24
IP2（VMnet2）：192.168.20.254/24

网络B

图 6-11　该企业配置的 DHCP 中继代理网络拓扑

3. 深度思考

在观看视频时思考以下几个问题。

（1）DHCP 软件包中哪些是必需的？哪些是可选的？

（2）DHCP 服务器的范本文件如何获得？

（3）如何设置保留地址？设置"host"声明有何要求？

（4）超级作用域的作用是什么？

（5）配置中继代理要注意哪些问题？

4. 做一做

根据视频内容，将项目完整地完成。

6.6　练　习　题

一、填空题

1. DHCP 工作过程包括_____、_____、_____、_____4 种信息包。

2．如果 DHCP 客户端无法获得 IP 地址，将自动从_____地址段中选择一个作为自己的地址。

3．在 Windows 环境下，使用_____命令可以查看 IP 地址配置，释放 IP 地址使用_____命令，续租 IP 地址使用_____命令。

4．DHCP 是一个简化主机 IP 地址分配管理的 TCP/IP 标准协议，英文全称是_____，中文名称为_____。

5．当客户端注意到它的租用期到了_____以上时，就要更新该租用期。这时它发送一个_____信息包给它所获得原始信息的服务器。

6．当租用期达到期满时间的近_____时，客户端如果在前一次请求中没能更新租用期的话，它会再次试图更新租用期。

7．配置 Linux 客户端需要修改网卡配置文件，将 BOOTPROTO 项设置为_____。

二、选择题

1．TCP/IP 中，（　　）协议是用来进行 IP 地址自动分配。
A．ARP
B．NFS
C．DHCP
D．DNS

2．DHCP 租用数据库文件默认保存在（　　）目录中。
A．/etc/dhcp
B．/etc
C．/var/log/dhcp
D．/var/lib/dhcpd

3．配置完 DHCP 服务器，运行（　　）命令可以启动 DHCP 服务。
A．systemctl start dhcpd.service
B．systemctl start dhcpd
C．start dhcpd
D．dhcpd on

三、简答题

1．动态 IP 地址方案有什么优点和缺点？简述 DHCP 服务器的工作过程。
2．简述 IP 地址租用和更新的全过程。
3．简述 DHCP 服务器分配给客户端的 IP 地址类型。

四、实践习题

1．建立 DHCP 服务器，为子网 A 内的客户机提供 DHCP 服务。具体参数如下。
● IP 地址段：192.168.11.101～192.168.11.200。
● 子网掩码：255.255.255.0。
● 网关地址：192.168.11.254。
● DNS 服务器：192.168.10.1。
● 子网所属域的名称：smile60.cn。
● 默认租用有效期：1 天。
● 最大租用有效期：3 天。
请写出详细解决方案，并上机实现。

2. 配置 DHCP 服务器超级作用域。

企业内部建立 DHCP 服务器，网络规划采用单作用域结构，使用 192.168.8.0/24 网段的 IP 地址。随着企业规模扩大，设备数量增多，现有的 IP 地址无法满足网络的需求，需要添加可用的 IP 地址。这时可以使用超级作用域增加 IP 地址，在 DHCP 服务器上添加新的作用域，使用 192.168.9.0/24 网段扩展网络地址的范围。

请写出详细解决方案，并上机实现。

项目 7　配置与管理 DNS 服务器

DNS 服务器是常见的网络服务器。本项目将详细讲解在 Linux 操作平台下 DNS 服务器的配置。

- 理解 DNS 的域名空间结构。
- 掌握 DNS 查询模式。
- 掌握 DNS 域名解析过程。
- 掌握常规 DNS 服务器的安装与配置方法。
- 掌握缓存服务器的配置方法。

- "雪人计划"同样服务于国家的"信创产业"。最为关键的是，中国可以借助 IPv6 的技术升级，改变自己在国际互联网治理体系中的地位。这样的事件可以大大激发学生的爱国情怀和求知求学的斗志。
- "靡不有初，鲜克有终。""莫等闲，白了少年头，空悲切。"青年学生为人做事要有头有尾、善始善终、不负韶华。

7.1　项目相关知识

域名服务（Domain Name Service，DNS）是互联网/局域网中最基础也是非常重要的一项服务，它提供了网络访问中域名和 IP 地址的相互转换。

7.1.1　域名空间

在域名系统中，每台计算机的域名由一系列用点分开的字母数字段组成。例如，某台计算机的全限定域名（Fully Qualified Domain Name，FQDN）为 www.12306.cn，其具有的域名为 12306.cn；另一台计算机的 FQDN 为 www.tsinghua.edu.cn，其具有的域名为 tsinghua.edu.cn。域名是有层次的，域名中最重要的部分位于右边。FQDN 中最左边的部分是单台计算机的主机名或主机别名。

配置与管理 DNS 服务器

DNS 域名空间结构如图 7-1 所示。

整个 DNS 域名空间结构如同一棵倒挂的树，层次结构非常清晰。根域位于顶部，紧接在根域下面的是顶级域，每个顶级域又可以进一步划分为不同的二级域，二级域再划分出子域，子域下面可以是主机也可以再划分子域，直到最后的主机。在互联网中的域是由国际互联网络信息中心（Internet Information Center，InterNIC）负责管理的，域名的服务则由 DNS 来实现。

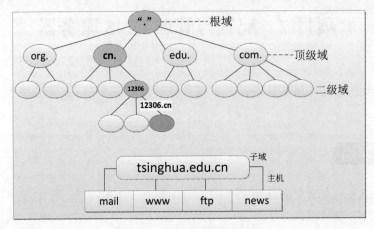

图 7-1　DNS 域名空间结构

7.1.2　域名解析过程

DNS 域名解析过程如图 7-2 所示。

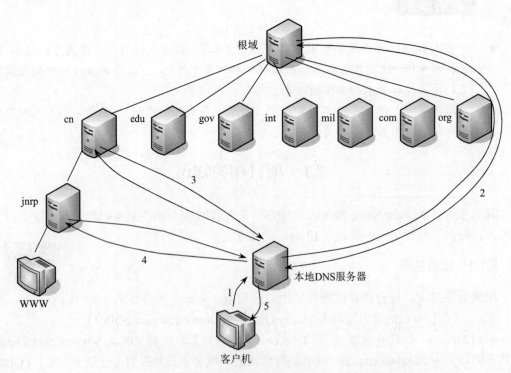

图 7-2　DNS 域名解析过程

（1）客户机提出域名解析请求，并将该请求发送给本地的域名服务器。

（2）当本地的域名服务器收到请求后，就先查询本地的缓存，如果有该记录项，则本地的域名服务器就直接把查询的结果返回。

（3）如果本地的缓存中没有该记录，则本地域名服务器直接把请求发给根域名服务器，然后根域名服务器再返回给本地域名服务器一个所查询域（根的子域）的主域名服务器的地址。

（4）本地的域名服务器再向上一步返回的域名服务器发送请求，然后接收请求的服务器查询自己的缓存，如果没有该记录，则返回相关的下级的域名服务器的地址。

（5）重复（4），直到找到正确的记录。

（6）本地域名服务器把返回的结果保存到缓存，以备下一次使用，同时还将结果返回给客户机。

7.2　项目设计与准备

7.2.1　项目设计

为了保证校园网中的计算机能够安全、可靠地通过域名访问本地网络以及互联网资源，需要在网络中部署主 DNS 服务器、从 DNS 服务器、缓存 DNS 服务器和转发 DNS 服务器。

7.2.2　项目准备

一共 4 台计算机，其中 3 台使用的是 Linux 操作系统，1 台使用的是 Windows 10 操作系统，如表 7-1 所示。

表 7-1　DNS 服务器和客户端信息

主机名	操作系统	IP 地址	角色及网络连接模式
DNS 服务器：Server01	RHEL 8	192.168.10.1/24	主 DNS 服务器；VMnet1
DNS 服务器：Server02	RHEL 8	192.168.10.2/24	从 DNS、缓存 DNS、转发 DNS 服务器等；VMnet1
Linux 客户端：Client1	RHEL 8	192.168.10.20/24	Linux 客户端；VMnet1
Windows 客户端：Client3	Windows 10	192.168.10.40/24	Windows 客户端；VMnet1

注意：DNS 服务器的 IP 地址必须是静态的。

7.3　项 目 实 施

在 Linux 下架设 DNS 服务器通常使用伯克利互联网域名（Berkeley Internet Name Domain，BIND）程序来实现，其守护进程是 named。

配置与管理 DNS 服务器

任务 7-1　安装与启动 DNS

BIND 是一款实现 DNS 服务器的开放源码软件。BIND 原本是美国国防高级研究计划局（Defense Advanced Research Projects Agency，DARPA）资助伯克利大学（Berkeley）开设的一个研究生课题。经过多年的变化和发展，BIND 已经成为世界上使用极为广泛的 DNS 服务器软件，目前互联网上绝大多数的 DNS 服务器都是用 BIND 来架设的。

BIND 能够运行在当前大多数的操作系统上。目前，BIND 软件由互联网软件联合会
（Internet Software Consortium，ISC）这个非营利性机构负责开发和维护。

1. 安装 BIND 软件包

（1）使用 dnf 命令安装 BIND 服务（光盘挂载、yum 源文件的制作请参考前面相关内容）。

```
[root@Server01 ~]# mount /dev/cdrom /media
[root@Server01 ~]# dnf clean all                          //安装前先清除缓存
[root@Server01 ~]# dnf  install   bind   bind-chroot bind-utils-y
```

（2）安装完后再次查询，发现已安装成功。

```
[root@Server01 ~]# rpm -qa|grep bind
bind-chroot-9.11.13-3.el8.x86_64
……
bind-9.11.13-3.el8.x86_64
```

2. DNS 服务的启动、停止与重启，加入开机自启动

```
[root@Server01 ~]# systemctl start named;systemctl stop named
[root@Server01 ~]# systemctl restart named; systemctl    enable    named
```

任务 7-2 掌握 BIND 配置文件

一般的 DNS 配置文件分为主配置文件、区域配置文件和正、反向解析区域声明文件。下
面介绍主配置文件和区域配置文件，正、反向解析区域声明文件会融合到实例中一并介绍。

1. 认识主配置文件

主配置文件位于/etc 目录下，可使用 cat 命令查看，注意"-n"用于显示行号。

```
[root@Server01 ~]# cat /etc/named.conf -n
……                                      //略
10    options {
11        listen-on port 53 { 127.0.0.1; };        //指定 BIND 监听的 DNS 查询
                                                    //请求的本机 IP 地址及端口
12        listen-on-v6 port 53 { ::1; };           //限于 IPv6
13        directory "/var/named";                  //指定区域配置文件所在的路径
14        dump-file   "/var/named/data/cache_dump.db";
15        statistics-file "/var/named/data/named_stats.txt";
16        memstatistics-file "/var/named/data/named_mem_stats.txt";
17        secroots-file       "/var/named/data/named.secroots";
18        recursing-file      "/var/named/data/named.recursing";
19        allow-query { localhost; };              //指定接收 DNS 查询请求的客户端

……                                                //略

31        recursion yes;
32
33        dnssec-enable yes;
34        dnssec-validation yes;                   //改为 no 可以忽略 SELinux 影响

……                                                //略
```

```
     //以下用于指定 BIND 服务的日志参数
45   logging {
46           channel default_debug {
47                   file "data/named.run";
48                   severity dynamic;
49           };
50   };
51
52   zone "." IN {                              //用于指定根服务器的配置信息，一般不能改动
53       type hint;
54       file "named.ca";
55   };
56
57   include "/etc/named.rfc1912.zones";    //指定区域配置文件，一定要根据实际修改
58   include "/etc/named.root.key";
```

options 配置段属于全局性的设置，常用的配置命令及功能如下。

（1）directory：用于指定 named 守护进程的工作目录，各区域正、反向搜索解析文件和 DNS 根服务器地址列表文件 named.ca 应放在该配置指定的目录中。

（2）allow-query{}：与 allow-query{localhost;}功能相同。另外，还可使用地址匹配符来表达允许的主机：any 可匹配所有的 IP 地址，none 不匹配任何 IP 地址，localhost 匹配本地主机使用的所有 IP 地址，localnets 匹配同本地主机相连的网络中的所有主机。例如，若仅允许 127.0.0.1 和 192.168.1.0/24 网段的主机查询该 DNS 服务器，则命令如下。

```
allow-query {127.0.0.1;192.168.1.0/24};
```

（3）listen-on：设置 named 守护进程监听的 IP 地址和端口。若未指定，则默认监听 DNS 服务器的所有 IP 地址的 53 号端口。当服务器安装有多块网卡，有多个 IP 地址时，可通过该配置命令指定所要监听的 IP 地址。对于只有一个地址的服务器，不必设置。例如，若要设置 DNS 服务器监听 192.168.1.2 这个 IP 地址，使用标准的 53 号端口，则配置命令为：

```
listen-on   port 5353 { 192.168.1.2;};
```

（4）forwarders{}：用于定义 DNS 转发器。设置转发器后，所有非本域的和在缓存中无法找到的域名查询，可由指定的 DNS 转发器来完成解析工作并进行缓存。forward 用于指定转发方式，仅在 forwarders 转发器列表不为空时有效，其用法为"forward first | only；"。forward first 为默认方式，DNS 服务器会将用户的域名查询请求先转发给 forwarders 设置的转发器，由转发器来完成域名的解析工作，若指定的转发器无法完成解析或无响应，则再由 DNS 服务器自身来完成域名解析。若设置为"forward   only；"，则 DNS 服务器仅将用户的域名查询请求转发给转发器；若指定的转发器无法完成域名解析或无响应，则 DNS 服务器自身也不会试着对其进行域名解析。例如，某地区的 DNS 服务器为 61.128.192.68 和 61.128.128.68，若要将其设置为 DNS 服务器的转发器，则配置命令如下。

```
options{
        forwarders {61.128.192.68;61.128.128.68;};
        forward first;
};
```

2. 认识区域配置文件

区域配置文件位于/etc 目录下，可将 named.rfc1912.zones 复制为主配置文件中指定的区域

配置文件，在本书中是/etc/named.zones（cp-p 表示把修改时间和访问权限也复制到新文件中）。

```
[root@Server01 ~]# cp -p /etc/named.rfc1912.zones    /etc/named.zones
[root@Server01 ~]# cat /etc/named.rfc1912.zones
zone "localhost.localdomain" IN {
    type master;                        //主要区域
    file "named.localhost";             //指定正向解析区域声明文件
    allow-update { none; };
};
......                                  //略
zone "1.0.0.127.in-addr.arpa" IN {      //反向解析区域
  type master;
  file "named.loopback";                //指定反向解析区域声明文件
  allow-update { none; };
};
......                                   //略
```

（1）区域声明。

1）主 DNS 服务器的正向解析区域声明格式如下（样本文件为 named.localhost）。

```
zone   "区域名称" IN {
    type master ;
    file   "实现正向解析的区域声明文件名";
    allow-update {none;};

};
```

2）从 DNS 服务器的正向解析区域声明格式如下。

```
zone   "区域名称" IN {
    type slave ;
    file   "实现正向解析的区域声明文件名";
    masters {主 DNS 服务器的 IP 地址;};

};
```

反向解析区域的声明格式与正向相同，只是 file 指定的要读的文件不同，以及区域的名称不同。若要反向解析 x.y.z 网段的主机，则反向解析的区域名称应设置为 z.y.x.in-addr.arpa。（反向解析区域样本文件为 named.loopback。）

（2）根区域文件/var/named/named.ca。/var/named/named.ca 是一个非常重要的文件，其包含了互联网的顶级 DNS 服务器的名字和地址。利用该文件可以让 DNS 服务器找到根 DNS 服务器，并初始化 DNS 的缓冲区。当 DNS 服务器接收到客户端主机的查询请求时，如果在缓冲区中找不到相应的数据，就会通过根服务器进行逐级查询。/var/named/named.ca 文件的主要内容如图 7-3 所示。

说明：①以 ";" 开始的行都是注释行。②行 ". 518400 IN NS a.root-servers.net." 的含义："."表示根域；518400 是存活期；IN 是资源记录的网络类型，表示互联网类型；NS 是资源记录类型；"a.root-servers.net."是主机域名。③行"a.root-servers.net. 3600000 IN A 198.41.0.4"的含义：A 资源记录用于指定根服务器的 IP 地址；a.root-servers.net.是主机域名；3600000 是存活期；A 是资源记录类型；最后对应的是 IP 地址。

```
File  Edit  View  Search  Terminal  Help
; <<>> DiG 9.9.4-RedHat-9.9.4-38.el7_3.2 <<>> +bufsize=1200 +norec @a.root-servers.net
; (2 servers found)
;; global options: +cmd
;; Got answer:
;; ->>HEADER<<- opcode: QUERY, status: NOERROR, id: 17380
;; flags: qr aa; QUERY: 1, ANSWER: 13, AUTHORITY: 0, ADDITIONAL: 27

;; OPT PSEUDOSECTION:
; EDNS: version: 0, flags:; udp: 1472
;; QUESTION SECTION:
;.                          IN      NS

;; ANSWER SECTION:
.               518400  IN      NS      a.root-servers.net.
.               518400  IN      NS      b.root-servers.net.
.               518400  IN      NS      c.root-servers.net.
.               518400  IN      NS      d.root-servers.net.
.               518400  IN      NS      e.root-servers.net.
.               518400  IN      NS      f.root-servers.net.
.               518400  IN      NS      g.root-servers.net.
.               518400  IN      NS      h.root-servers.net.
.               518400  IN      NS      i.root-servers.net.
.               518400  IN      NS      j.root-servers.net.
.               518400  IN      NS      k.root-servers.net.
.               518400  IN      NS      l.root-servers.net.
.               518400  IN      NS      m.root-servers.net.

;; ADDITIONAL SECTION:
a.root-servers.net.  3600000 IN      A       198.41.0.4
a.root-servers.net.  3600000 IN      AAAA    2001:503:ba3e::2:30
b.root-servers.net.  3600000 IN      A       192.228.79.201
b.root-servers.net.  3600000 IN      AAAA    2001:500:84::b
c.root-servers.net.  3600000 IN      A       192.33.4.12
                                                              1,1           Top
```

图 7-3　/var/named/named.ca 文件的主要内容

由于 named.ca 文件经常会随着根服务器的变化而发生变化，所以建议最好从国际互联网络信息中心的 FTP 服务器下载最新的版本，文件名为 named.root。

任务 7-3　配置主 DNS 服务器实例

1. 实例环境及需求

某校园网要架设一台 DNS 服务器来负责 long60.cn 域的域名解析工作。DNS 服务器的 FQDN 为 dns.long60.cn，IP 地址为 192.168.10.1。要求为以下域名实现正、反向域名解析。

dns.long60.cn		192.168.10.1
mail.long60.cn	MX 资源记录	192.168.10.2
slave.long60.cn	⟷	192.168.10.3
www.long60.cn		192.168.10.4
ftp.long60.cn		192.168.10.5

另外，为 www.long60.cn 设置别名为 web.long60.cn。

2. 配置过程

配置过程包括主配置文件、区域配置文件和正、反向解析区域声明文件的配置。

（1）配置主配置文件/etc/named.conf。该文件在/etc 目录下。把 options 选项中的监听 IP 地址（127.0.0.1）改成 any，把 dnssec-validation yes 改为 dnssec-validation no；把允许查询网段 allow-query 后面的 localhost 改成 any。在 include 语句中指定区域配置文件为 named.zones。修改后相关内容如下。

```
[root@Server01 ~]# vim /etc/named.conf

        listen-on port 53 { any; };
        listen-on-v6 port 53 { ::1; };
```

```
        directory           "/var/named";
        dump-file           "/var/named/data/cache_dump.db";
        statistics-file "/var/named/data/named_stats.txt";
        memstatistics-file "/var/named/data/named_mem_stats.txt";
        allow-query         { any; };
        recursion yes;
        dnssec-enable yes;
        dnssec-validation no;
        dnssec-lookaside auto;
        ……
include "/etc/named.zones";                              //必须更改！！
include "/etc/named.root.key";
```

（2）配置区域配置文件 named.zones。执行命令 vim /etc/named.zones，增加以下内容（在任务 7-2 中已将/etc/named.rfc1912. zones 复制为主配置文件中指定的区域配置文件/etc/named. zones）。

```
[root@Server01 ~]# vim /etc/named.zones

zone "long60.cn" IN {
        type master;
        file "long60.cn.zone";
        allow-update { none; };
};

zone "10.168.192.in-addr.arpa" IN {
        type master;
        file "1.10.168.192.zone";
        allow-update { none; };
};
```

提示：区域配置文件的名称一定要与/etc/named.conf 文件中指定的文件名一致，在本书中是 named.zones。

（3）修改 BIND 的正、反向解析区域声明文件。

1）创建 long60.cn.zone 正向解析区域声明文件。正向解析区域声明文件位于/var/named 目录下，为编辑方便可先将样本文件 named.localhost 复制到 long60.cn. zone（加-p 选项的目的是保持文件属性），再对 long60.cn.zone 进行修改。

```
[root@Server01 ~]# cd /var/named
[root@Server01 named]# cp   -p named.localhost long60.cn.zone
[root@Server01 named]# vim /var/named/long60.cn.zone
$TTL 1D
@        IN SOA    @ root.long60.cn. (
                1997022700     ; serial       //该文件的版本号
                28800          ; refresh      //更新时间间隔
                14400          ; retry        //重试时间间隔
                3600000        ; expiry       //过期时间
                86400    )     ; minimum      //最小时间间隔，单位是 s
@              IN            NS            dns.long60.cn.
```

@	IN	MX	10	mail.long60.cn.
dns	IN	A		192.168.10.1
mail	IN	A		192.168.10.2
slave	IN	A		192.168.10.3
www	IN	A		192.168.10.4
ftp	IN	A		192.168.10.5
web	IN	CNAME		www.long60.cn.

注意：①正、反向解析区域声明文件的名称一定要与/etc/named.zones 文件中区域声明中指定的文件名一致。②正、反向解析区域声明文件的所有记录行都要顶格写，前面不要留有空格，否则会导致 DNS 服务器不能正常工作。

说明如下。

第一个有效行为 SOA 资源记录，该记录的格式如下。

@	IN SOA　origin. contact.　（
）；	

其中，@是该域的替代符，例如，long60.cn.zone 文件中的@代表 long60.cn。origin 表示该域的主 DNS 服务器的 FQDN，用"."结尾表示这是个绝对名称。例如，long60.cn.zone 文件中的 origin 为 dns.long60.cn.。contact 表示该域的管理员的电子邮件地址。它是正常 E-mail 地址的变通，将@变为"."。例如，long60.cn.zone 文件中的 contact 为 mail.long60.cn.。所以在上面的例子中，SOA 有效行（@ IN　SOA　@　root.long60.cn.）可以改为@ IN SOA long60.cn. root.long60.cn.。

行"@　IN NS　dns.long60.cn."说明该域的 DNS 服务器至少应该定义一个。

行"@　IN　MX　10　mail.long60.cn."用于定义邮件交换器，其中 10 表示优先级别，数字越小，优先级别越高。

2）创建 1.10.168.192.zone 反向解析区域声明文件。反向解析区域声明文件位于/var/named 目录下，为方便编辑，可先将样本文件/etc/named/ named.loopback 复制到 1.10.168.192.zone，再对 1.10.168.192.zone 进行修改。

```
[root@Server01 named]# cp    -p named.loopback 1.10.168.192.zone
[root@Server01 named]# vim /var/named/1.10.168.192.zone
$TTL 1D
@            IN SOA        @      root.long60.cn. (
                                          0            ; serial
                                          1D           ; refresh
                                          1H           ; retry
                                          1W           ; expire
                                          3H )         ; minimum
@            IN NS          dns.long60.cn.
@            IN MX      10    mail.long60.cn.
1            IN PTR         dns.long60.cn.
2            IN PTR         mail.long60.cn.
3            IN PTR         slave.long60.cn.
4            IN PTR         www.long60.cn.
5            IN PTR         ftp.long60.cn.
```

（4）设置防火墙放行，设置主配置文件、区域配置文件和正、反向解析区域声明文件的属组为 named（如果前面复制主配置文件和区域配置文件时使用了-p 选项，则此步骤可省略）。

```
[root@Server01 named]# firewall-cmd   --permanent --add-service=dns
[root@Server01 named]# firewall-cmd   --reload
[root@Server01 named]# chgrp named /etc/named.conf /etc/named.zones
[root@Server01 named]# chgrp named long60.cn.zone 1.10.168.192.zone
```

（5）重新启动 DNS 服务，添加开机自启动功能。

```
[root@Server01 named]# systemctl   restart named ; systemctl   enable named
```

（6）在 Client3（Windows 10）上测试。

1）将 Client3 的 TCP/IP 属性中的首选 DNS 服务器的地址设置为 192.168.10.1，如图 7-4 所示。

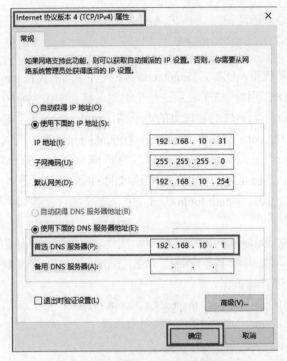

图 7-4   设置首选 DNS 服务器

2）在命令提示符下使用 nslookup 测试，如图 7-5 所示。

（7）在 Linux 客户端 Client1 上测试。

1）在 Linux 操作系统中，可以修改/etc/resolv.conf 文件来设置 DNS 客户端，如下所示。

```
[root@Client1 ~]# vim /etc/resolv.conf
    nameserver 192.168.10.1
    nameserver 192.168.10.2
    search    long60.cn
```

其中，nameserver 指明 DNS 服务器的 IP 地址，可以设置多个 DNS 服务器，查询时按照文件中指定的顺序解析域名。只有当第一个 DNS 服务器没有响应时，才向下面的 DNS 服务器发出域名解析请求。search 用于指明域名搜索顺序，当查询没有域名后缀的主机名时，将自动附加由 search 指定的域名。

图 7-5   在 Windows 10 中的测试结果

在 Linux 操作系统中，还可以通过系统菜单设置 DNS，相关内容已多次介绍，这里不再赘述。

2）使用 nslookup 测试 DNS。BIND 软件包提供了 3 个 DNS 测试工具：nslookup、dig 和 host。其中 dig 和 host 是命令行工具，而 nslookup 既可以使用命令行模式，也可以使用交互模式。下面在客户端 Client1（192.168.10.20）上测试，前提是必须保证与 Server01 服务器通信畅通。

```
[root@Client1 ~]# vim /etc/resolv.conf
    nameserver 192.168.10.1
    nameserver 192.168.10.2
    search   long60.cn
[root@Client1 ~]# nslookup              //运行 nslookup 命令
> server
Default server: 192.168.10.1
Address: 192.168.10.1#53
> www.long60.cn                         //正向查询，查询域名 www.long60.cn 对应的 IP 地址
Server:          192.168.10.1
Address:         192.168.10.1#53

Name:            www.long60.cn
Address: 192.168.10.4
> 192.168.10.2                          //反向查询，查询 IP 地址 192.168.10.2 对应的域名
Server:          192.168.10.1
Address:         192.168.10.1#53

2.10.168.192.in-addr.arpa      name = mail.long60.cn.
> set all                               //显示当前设置的所有值
Default server: 192.168.10.1
Address: 192.168.10.1#53

Set options:
```

```
novc            nodebug                nod2
search          recurse
timeout = 0     retry = 3      port = 53
querytype = A                  class = IN
srchlist = long60.cn
```
//查询 long60.cn 域的 NS 资源记录配置
> set type=NS   //此行中 type 的取值还可以为 SOA、MX、CNAME、A、PTR 及 any 等
> long60.cn
Server: 192.168.10.1
Address: 192.168.10.1#53

long60.cn   nameserver = dns.long60.cn.
> exit
[root@Client1 ~]#

特别说明：如果要求所有员工均可以访问外网地址，还需要设置根域，并建立根域对应的区域文件，这样才可以访问外网地址。

下载根 DNS 服务器的最新版本。下载完毕，将该文件改名为 named.ca，然后复制到/var/named 下。

任务 7-4　配置缓存 DNS 服务器

下面配置公司内部只作缓存使用的 DNS 服务器（缓存 DNS 服务器），对外部的网络请求一概拒绝，只需要在 Server02 上配置好/etc/named.conf 文件中的以下项即可。

（1）在 Server02 上安装 DNS 服务器。

（2）配置/etc/named.conf，配置完成后使用 **cat /etc/named.conf -n** 命令显示，其中-n 选项在显示时自动加上行号，读者不要把行号写到配置文件里！在本书中，**黑体**一般表示添加或更改内容。

```
10    options {
11        listen-on port 53 { any; };
12        listen-on-v6 port 53 { any; };
19        allow-query        { any; };
31        recursion yes;
32        forwarders{192.168.10.1;};        //设置转发到的 DNS 服务器
33        forward only;                     //指明这个服务器是缓存 DNS 服务器
45    };
```

（3）设置防火墙放行，重新启动 DNS 服务，添加开机自启动功能。

（4）将 Client3 的首选 DNS 服务器设置为 192.168.10.2 进行测试。

这样，一个简单的缓存 DNS 服务器就架设成功了。一般只有互联网服务提供商（Internet Service Provider，ISP）或者大型公司才会使用缓存 DNS 服务器。

任务 7-5　测试 DNS 的常用命令及常见错误

1. dig 命令

dig 命令是一个灵活的命令行方式的域名查询工具，常用于从 DNS 服务器获取特定的信

息。例如，通过 dig 命令查看域名 www.long60.cn 的信息。

```
[root@Client1 ~]# dig www.long60.cn

; <<>> DiG 9.9.4-RedHat-9.9.4-50.el7 <<>> www.long60.cn
……
; EDNS: version: 0, flags:; udp: 4096
;; QUESTION SECTION:
;www.long60.cn.              IN     A

;; ANSWER SECTION:
www.long60.cn. 86400         IN     A     192.168.10.4

;; AUTHORITY SECTION:
long60.cn.       86400       IN     NS    dns.long60.cn.

;; ADDITIONAL SECTION:
dns.long60.cn.   86400       IN     A     192.168.10.1

;; Query time: 2 msec
;; SERVER: 192.168.10.1#53(192.168.10.1)
;; WHEN: Tue Jul 17 22:22:40 CST 2018
;; MSG SIZE   rcvd: 91
```

2．host 命令

host 命令用来进行简单的主机名信息查询。在默认情况下，host 命令只在主机名和 IP 地址之间转换。下面是一些常见的 host 命令的使用方法。

```
[root@Client1 ~]# host dns.long60.cn            //正向查询主机地址
[root@Client1 ~]# host 192.168.10.3             //反向查询 IP 地址对应的域名
//查询不同类型的资源记录配置，-t 选项后可以为 SOA、MX、CNAME、A、PTR 等
[root@Client1 ~]# host -t NS long60.cn
[root@Client1 ~]# host -l long60.cn             //列出整个 long60.cn 域的信息
[root@Client1 ~]# host -a web.long60.cn         //列出与指定主机资源记录相关的信息
```

3．DNS 服务器配置中的常见错误

（1）配置文件名写错。在这种情况下，运行 nslookup 命令不会出现命令提示符 ">"。

（2）主机域名后面没有 "."，这是常犯的错误。

（3）/etc/resolv.conf 文件中的 DNS 服务器的 IP 地址不正确。在这种情况下，运行 nslookup 命令不会出现命令提示符。

（4）回送地址的数据库文件有问题。同样运行 nslookup 命令不会出现命令提示符。

（5）在/etc/named.conf 文件中的 zone 区域声明中定义的文件名与/var/named 目录下的区域数据库文件名不一致。

提示：可以查看/var/log/messages 日志文件内容了解配置文件出错的位置和原因。

7.4　拓展阅读："雪人计划"

"雪人计划（Yeti DNS Project）"是基于全新技术架构的全球下一代互联网 IPv6 根服务器

测试和运营实验项目，旨在打破现有的根服务器困局，为下一代互联网提供更多的根服务器解决方案。

"雪人计划"是 2015 年 6 月 23 日在国际互联网名称与数字地址分配机构（the Internet Corporation for Assigned Names and Numbers，ICANN）第 53 届会议上正式对外发布的。发起者包括中国"下一代互联网关键技术和评测北京市工程中心"、日本 WIDE 机构（现国际互联网 M 根运营者）、国际互联网名人堂入选者保罗·维克西（Paul Vixie）博士等组织和个人。

2019 年 6 月 26 日，中华人民共和国工业和信息化部同意中国互联网络信息中心设立域名根服务器及运行机构。"雪人计划"于 2016 年在中国、美国、日本、印度、俄罗斯、德国、法国等全球 16 个国家完成 25 台 IPv6 根服务器架设，其中 1 台主根服务器和 3 台辅根服务器部署在中国，事实上形成了 13 台原有根服务器加 25 台 IPv6 根服务器的新格局，为建立多边、透明的国际互联网治理体系打下坚实基础。

7.5 项目实训：配置与管理 DNS 服务器

1. 视频位置

实训前请扫描二维码观看"项目实录 配置与管理 DNS 服务器"慕课。

2. 项目实训目的

● 掌握 Linux 操作系统中主 DNS 服务器的配置方法。

● 掌握 Linux 下从 DNS 服务器的配置方法。

项目实录 配置与管理
DNS 服务器

3. 项目背景

某企业有一个局域网（192.168.10.0/24），其 DNS 服务器搭建网络拓扑如图 7-6 所示。该企业已经有自己的网页，员工希望通过域名来访问，同时员工也需要访问互联网上的网站。该企业已经申请了域名 long60.cn，企业需要互联网上的用户通过域名访问自己的网页。

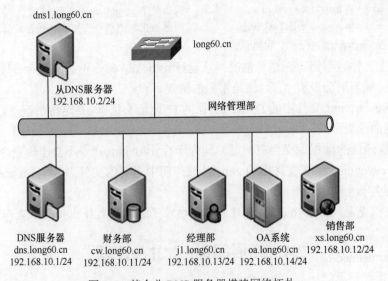

图 7-6 某企业 DNS 服务器搭建网络拓扑

要求在企业内部构建一台 DNS 服务器，为局域网中的计算机提供域名解析服务。DNS 服务器管理 long60.cn 的域名解析，DNS 服务器的域名为 dns.long60.cn，IP 地址为 192.168.10.1。从 DNS 服务器的 IP 地址为 192.168.10.2。同时，还必须为客户提供互联网上的主机的域名解析，要求分别能解析以下域名：财务部（cw.long60.cn，192.168.10.11）、销售部（xs.long60.cn，192.168.10.12）、经理部（jl.long60.cn，192.168.10.13）、OA 系统（oa. long60.cn，192.168.10.14）。

4. 项目实训内容

练习配置 Linux 操作系统下的主 DNS 及从 DNS 服务器。

5. 做一做

根据项目实录视频进行项目实训，检查学习效果。

7.6 练习题

一、填空题

1. 在互联网中，计算机之间直接利用 IP 地址进行寻址，因而需要将用户提供的主机名转换成 IP 地址，我们把这个过程称为_____。

2. DNS 提供了一个_____的命名方案。

3. DNS 顶级域名中表示商业组织的是_____。

4. _____表示主机的资源记录，_____表示别名的资源记录。

5. 可以用来检测 DNS 资源创建是否正确的两个工具是_____、_____。

6. DNS 服务器的查询模式有_____、_____。

7. DNS 服务器分为 4 类：_____、_____、_____、_____。

8. 一般在 DNS 服务器之间的查询请求属于_____查询。

二、选择题

1. 在 Linux 环境下，能实现域名解析的功能软件模块是（   ）。

A. Apache   B. dhcpd   C. BIND   D. SQUID

2. www.ryjiaoyu.com 是互联网中主机的（   ）。

A. 用户名   B. 密码   C. 别名   D. IP 地址

E. FQDN

3. 在 DNS 服务器配置文件中 A 类资源记录是什么意思？（   ）

A. 官方信息   B. IP 地址到名字的映射

C. 名字到 IP 地址的映射   D. 一个域名服务器的规范

4. 在 Linux DNS 系统中，根服务器提示文件是（   ）。

A. /etc/named.ca   B. /var/named/named.ca

C. /var/named/named.local   D. /etc/named.local

5. DNS 指针记录的标志是（   ）。

A. A   B. PTR   C. CNAME   D. NS

6. DNS 服务使用的端口是（　　）。

　　A. TCP 53 　　　　　B. UDP 54 　　　C. TCP 54 　　　　　D. UDP 53

7. （　　）命令可以测试 DNS 服务器的工作情况。

　　A. dig 　　　　　　　　　　　　　　B. host

　　C. nslookup 　　　　　　　　　　　D. named-checkzone

8. （　　）命令可以启动 DNS 服务。

　　A. systemctl start named 　　　　　B. systemctl restart named

　　C. service dns start 　　　　　　　D. /etc/init.d/dns　start

9. 指定 DNS 服务器位置的文件是（　　）。

　　A. /etc/hosts 　　　　　　　　　　B. /etc/networks

　　C. /etc/resolv.conf 　　　　　　　D. /.profile

项目 8 配置与管理 Apache 服务器

利用 Apache 服务可以实现在 Linux 系统构建 Web 站点。本项目将主要介绍 Apache 服务的配置方法，以及虚拟主机、访问控制等的实现方法。

学习要点

- 认识 Apache。
- 掌握 Apache 服务的安装与启动方法。
- 掌握 Apache 服务的主配置文件。
- 掌握各种 Apache 服务器的配置方法。
- 学会创建 Web 网站和虚拟主机。

素养要点

- 中国传统文化博大精深，学习和掌握其中的各种思想精华，对树立正确的世界观、人生观、价值观很有益处。
- 增强历史自觉、坚定文化自信。"博学之，审问之，慎思之，明辨之，笃行之。" 青年学生要讲究学习方法，珍惜现在的时光，做到不负韶华。

8.1 项目相关知识

由于能够提供图形、声音等多媒体数据，再加上可以交互的动态 Web 语言的广泛普及，万维网（World Wide Web，WWW）深受互联网用户欢迎。一个最重要的证明就是，当前的绝大部分互联网流量都是由 Web 浏览产生的。

8.1.1 Web 服务概述

配置与管理 Apache 服务器

Web 服务是解决应用程序之间相互通信的一项技术。严格地说，Web 服务是描述一系列操作的接口，它使用标准的、规范的可扩展标记语言（Extensible Markup Language，XML）描述接口。这一描述中包括与服务进行交互所需的全部细节，如消息格式、传输协议和服务位置。而在对外的接口中隐藏了服务实现的细节，仅提供一系列可执行的操作。这些操作独立于软、硬件平台和编写服务所用的编程语言。Web 服务既可单独使用，也可同其他 Web 服务一起使用，实现复杂的商业功能。

Web 服务是互联网上广泛应用的一种信息服务技术。它采用的是客户/服务器结构，整理和存储各种资源，并响应客户端软件的请求，把所需的信息资源通过浏览器传送给用户。

Web 服务通常可以分为两种：静态 Web 服务和动态 Web 服务。

8.1.2　HTTP

超文本传输协议（Hypertext Transfer Protocol，HTTP）是目前国际互联网基础上的一个重要组成部分。Apache、IIS 服务器是 HTTP 的服务器软件，微软公司的 Internet Explorer 和 Mozilla 的 Firefox 则是 HTTP 的客户端实现。

8.2　项目设计与准备

8.2.1　项目设计

利用 Apache 服务建立普通 Web 站点、基于主机和用户认证的访问控制。

8.2.2　项目准备

安装有企业服务器版 Linux 的计算机一台、测试用计算机两台（Windows 10、Linux），一共 3 台计算机都连入局域网。该环境也可以用虚拟机实现。规划好各台主机的 IP 地址，如表 8-1 所示。

表 8-1　Linux 服务器和客户端信息

主机名	操作系统	IP 地址	角色及网络连接模式
Server01	RHEL 8	192.168.10.1/24 192.168.10.10/24	Web 服务器、DNS 服务器；VMnet1
Client1	RHEL 8	192.168.10.20/24	Linux 客户端；VMnet1
Client3	Windows 10	192.168.10.40/24	Windows 客户端；VMnet1

8.3　项 目 实 施

任务 8-1　安装、启动与停止 Apache 服务器

下面是具体操作步骤。

配置与管理 Apache 服务器

1. 安装 Apache 相关软件

```
[root@Server01 ~]# rpm -q httpd
[root@Server01 ~]# mount /dev/cdrom /media
[root@Server01 ~]# dnf clean all                 //安装前先清除缓存
[root@Server01 ~]# dnf install httpd -y
[root@Server01 ~]# rpm -qa|grep httpd            //检查安装组件是否成功
```

注意：一般情况下，Firefox 默认已经安装，需要根据情况而定。
启动 Apache 服务的命令如下（重新启动和停止的命令分别是 restart 和 stop）。

```
[root@Server01 ~]# systemctl start    httpd
```

2.　让防火墙放行，并设置 SELinux 为允许

需要注意的是，RHEL 8 采用了 SELinux 这种增强的安全模式，在默认配置下，只有 SSH 服务可以通过。像 Apache 服务，安装、配置、启动完毕，还需要为它放行才行。

（1）使用防火墙命令，放行 http 服务。

```
[root@Server01 ~]# firewall-cmd --list-all
[root@Server01 ~]# firewall-cmd --permanent --add-service=http
[root@Server01 ~]# firewall-cmd --reload
[root@Server01 ~]# firewall-cmd --list-all
public (active)
    ……
    sources:
    services: ssh dhcpv6-client samba dns http
    ……
```

（2）更改当前的 SELinux 值，后面可以跟 Enforcing、Permissive 或者 0、1。

```
[root@Server01 ~]# setenforce 0
[root@Server01 ~]# getenforce
Permissive
```

注意：利用 setenforce 设置 SELinux 值，重启系统后失效，如果再次使用 httpd，则仍需重新设置 SELinux，否则客户端无法访问 Web 服务器。如果想长期有效，请修改/etc/sysconfig/selinux 文件，按需要赋予 SELinux 相应的值（Enforcing、Permissive 或者 0、1）。本书多次提到防火墙和 SELinux，请读者一定注意，许多问题可能是防火墙和 SELinux 引起的，且对于系统重启后失效的情况也要了如指掌。

3.　测试 httpd 服务是否安装成功

（1）装完 Apache 服务器后，启动它，并设置开机自动加载 Apache 服务。

```
[root@Server01 ~]# systemctl start httpd
[root@Server01 ~]# systemctl enable httpd
[root@Server01 ~]# firefox localhost
```

（2）也可以在 Applications 菜单中直接启动 Firefox，然后在地址栏中输入 http://localhost 或 http://127.0.0.1，测试 Apache 服务器是否成功安装。如果看到图 8-1 所示的提示信息，则表示 Apache 服务器已安装成功。

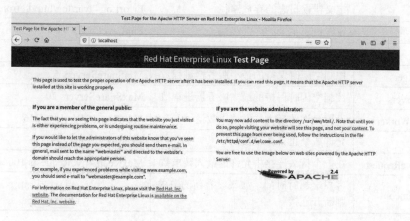

图 8-1　Apache 服务器运行正常

（3）测试成功后将 SELinux 值恢复到初始状态。

[root@Server01 ~]# **setenforce 1**

任务 8-2　认识 Apache 服务器的配置文件

Apache 的主配置文件是 httpd.conf，位于/etc/httpd/conf/目录下。该文件包括了用于控制 Apache 服务器行为的指令，分为以下 3 个主要部分：

（1）全局环境配置：影响整个服务器的基本设置。

（2）主服务器配置：特定于主服务器的设置。

（3）虚拟主机配置：针对托管多个网站的设置。

在配置 Apache 服务器时，理解各种配置指令及其用途是非常重要的。为了帮助初学者更好地掌握如何设置和优化 Apache，下面提供了一个详细的配置指令介绍，如表 8-2 所示。这个表格涵盖了 httpd.conf 配置文件中最常见和关键的配置项，包括每个指令的功能和常用的设置示例。

表 8-2　httpd.conf 文件配置指令详解

指令	用途	示例或默认值
ServerRoot	指定 Apache 服务器的根目录，所有核心文件和模块存放的位置	ServerRoot "/etc/httpd"
Listen	定义 Apache 监听的端口	Listen 80 或 Listen 12.34.56.78:80
User	指定运行 Apache 进程的用户	User apache
Group	指定运行 Apache 进程的组	Group apache
LoadModule	加载特定的功能模块	LoadModule auth_basic_module modules/mod_auth_basic.so
DocumentRoot	定义服务器的文档根目录，网站文件的存放位置	DocumentRoot "/var/www/html"
ServerAdmin	设置服务器管理员的电子邮件地址	ServerAdmin webmaster@example.com
DirectoryIndex	指定目录中默认显示的网页文件名	DirectoryIndex index.html
<Directory>	定义对特定目录的详细权限设置	见下方详细说明
ErrorLog	定义错误日志的存放路径	ErrorLog "/var/log/httpd/error_log"
LogLevel	设置日志记录的详细级别	LogLevel warn
StartServers	启动时创建的服务器进程数	StartServers 5
MinSpareServers	控制空闲时保持的最小服务器进程数	MinSpareServers 5
MaxSpareServers	控制空闲时保持的最大服务器进程数	MaxSpareServers 20
MaxRequestWorkers	设置允许的最大并发请求数量	MaxRequestWorkers 256
KeepAlive	允许或禁止持久连接	KeepAlive On
MaxKeepAliveRequests	在一个持久连接中允许的最大请求数	MaxKeepAliveRequests 100
KeepAliveTimeout	客户端超时时间，如果没有新的请求则断开连接	KeepAliveTimeout 15

其中，<Directory> 指令是 Apache HTTP 服务器配置中非常重要的部分，用于控制特定目录及其子目录的访问权限和行为。这个指令块允许定义多项设置，比如文件列表展示、符号链接跟随、重写规则、访问权限等。

基本结构为：<Directory>指令块以<Directory>开始，并指定目录的路径，以</Directory>结束，形成一个指令块。在这个块内部，可以设置多种指令来定义该目录的行为。

<Directory>块配置示例如下：

```
<Directory "/var/www/html">
    Options Indexes FollowSymLinks
    AllowOverride None
    Require all granted
</Directory>
```

在这个示例中，详细解析如下：

（1）Options 选项：

Indexes：如果请求的是一个目录而该目录中没有 DirectoryIndex（例如 index.html）指定的文件，服务器将返回目录中的文件列表。

FollowSymLinks：允许服务器跟随符号链接，在安全性要求不高的情况下使用。

（2）AllowOverride 选项：

None：不允许.htaccess 文件改变任何目录级别的设置。

All：允许.htaccess 文件改变几乎所有的设置。

其他值如 FileInfo、AuthConfig、Limit 分别允许.htaccess 文件仅改变特定类型的设置。

（3）Require 选项：

all granted：允许所有人访问。

all denied：拒绝所有人访问。

其他复杂的权限设置，如 Require user username（只允许特定用户）、Require valid-user（允许所有通过验证的用户）等。

注意：在生产环境中，通常建议不使用 Indexes，以防止信息泄露；如果没有必要，应禁止 FollowSymLinks，因为它可能会引入安全风险；通常设置 AllowOverride None 以增强性能，因为每次请求都不需要检查.htaccess 文件。根据安全需求设置 Require，确保只有授权用户才能访问敏感目录。

从表 8-2 可知，DocumentRoot 参数用于定义网站数据的保存路径，其参数的默认值是把网站数据存放到/var/www/html 目录中；而当前网站普遍的首页面名称是 index.html，因此可以向/var/www/html 目录中写入一个文件，替换 httpd 服务程序的默认首页面，该操作会立即生效（在本机上测试）。

```
[root@Server01 ~]# echo " My first Apache website " > /var/www/html/index.html
[root@Server01 ~]# firefox http://localhost
```

程序的首页内容已发生改变，如图 8-2 所示。

提示：如果没有出现希望的画面，而是仍回到默认页面，那么一定是 SELinux 的问题。请在终端命令行运行 setenforce 0 命令后再测试。详细解决方法请见任务 8-3。

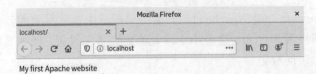

图 8-2　程序的首页内容已发生改变

任务 8-3　设置文档根目录和首页文件的实例

【例 8-1】在默认情况下，网站的文档根目录保存在/var/www/html 中，如果想把保存网站文档的根目录修改为/home/www，并且将首页文件修改为 myweb.html，那么该如何操作呢？

（1）分析。文档根目录是一个较为重要的设置，一般来说，网站上的内容都保存在文档根目录中。在默认情形下，除了记号和别名将改指他处以外，所有的请求都从这里开始。打开网站时所显示的页面即该网站的首页（主页）。首页的文件名是由 DirectoryIndex 字段定义的。在默认情况下，Apache 的默认首页名称为 index.html，当然也可以根据实际情况更改。

（2）解决方案。

1）在 Server01 上修改文档的根目录为/home/www，并创建首页文件 myweb.html。

```
[root@Server01 ~]# mkdir /home/www
[root@Server01 ~]#echo "The Web's DocumentRoot Test " > /home/www/myweb.html
```

2）在 Server01 上，先备份主配置文件，然后打开 httpd 服务程序的主配置文件，进行如下修改：将 DocumentRoot 参数修改为/home/www；将 Directory 参数修改为/home/www；DirectoryIndex 参数修改为 myweb.html index.html。最后存盘退出。

技巧：在 Vim 的命令模式下（按 Esc 键进入），输入 ":set number" 或 ":set nu" 命令并按 Enter 键，可使文档内容加上行号显示。

```
[root@Server01 ~]# vim /etc/httpd/conf/httpd.conf
……
122 DocumentRoot "/home/www"
123
124 #
125 # Relax access to content within /home/www
126 #
127 <Directory "/home/www">
128     AllowOverride None
128     # Allow open access:
130     Require all granted
131 </Directory>
……

166 <IfModule dir_module>
167     DirectoryIndex index.html myweb.html
168 </IfModule>
```

3）让防火墙放行 HTTP，重启 httpd 服务。

```
[root@Server01 ~]# firewall-cmd --permanent --add-service=http
[root@Server01 ~]# firewall-cmd --reload
```

```
[root@Server01 ~]# firewall-cmd --list-all
[root@Server01 ~]# systemctl restart httpd
```

4）在 Client1 测试（Server01 和 Client1 都是 VMnet1 连接，保证互相通信）。

```
[root@Client1 ~]# firefox http://192.168.10.1
```

5）故障排除。奇怪，为什么看到了 httpd 服务程序的默认首页？按理来说，只有在网站的首页文件不存在或者用户权限不足时，才显示 httpd 服务程序的默认首页。更奇怪的是，我们在尝试访问 http://192.168.10.1/myweb.html 页面时，竟然发现页面中显示"Forbidden,You don't have permission to access /myweb.html on this server."，如图 8-3 所示。什么原因呢？是 SELinux 的问题！解决方法是在服务器 Server01 上运行 setenforce 0，设置 SELinux 为允许。

```
[root@Server01 ~]# getenforce
Enforcing
[root@Server01 ~]# setenforce 0
[root@Server01 ~]# getenforce
Permissive
```

特别提示：设置完成后再一次测试，结果如图 8-4 所示。设置这个环节的目的是告诉读者，SELinux 非常重要！强烈建议如果暂时不能很好地掌握 SELinux 细节，在做实训时一定要设置 setenforce 0。

图 8-3　在客户端测试失败

图 8-4　在客户端测试成功

任务 8-4　用户个人主页实例

现在许多网站（如网易）都允许用户拥有自己的主页空间，而用户可以很容易地管理自己的主页空间。Apache 可以实现用户的个人主页。客户端在浏览器中浏览个人主页的 URL 地址的格式一般如下。

```
http://域名/~username
```

其中，~username 在利用 Linux 操作系统中的 Apache 服务器来实现时，是 Linux 操作系统的合法用户名（该用户必须在 Linux 操作系统中存在）。

【例 8-2】在 IP 地址为 192.168.10.1 的 Apache 服务器中，为系统中的 long 用户设置个人主页空间。该用户的家目录为/home/long，个人主页空间所在的目录为 public_html。

实现步骤如下。

（1）修改用户的家目录权限，使其他用户具有读取和执行的权限。

```
[root@Server01 ~]# useradd long
[root@Server01 ~]# passwd long
[root@Server01 ~]# chmod    705    /home/long
```

（2）创建存放用户个人主页空间的目录。

[root@Server01 ~]# **mkdir   /home/long/public_html**

（3）创建个人主页空间的默认首页文件。

[root@Server01 ~]# **cd   /home/long/public_html**
[root@Server01 public_html]# **echo "this is long's web。">>index.html**

（4）开启用户个人主页功能。默认情况下，UserDir 的取值为 disable，表示没有开启 Linux 系统用户个人主页功能。如果想为 Linux 系统用户设置个人主页，可以修改 UserDir 的取值，一般为 public_html，该目录在用户的家目录下。若要修改 UserDir 的取值，请编辑配置文件 /etc/httpd/conf.d/userdir.conf。将 UserDir Disabled 删除或用"#"注释掉，同时将"UserDir public_html"行前面的"#"删除。修改完毕后，保存配置文件并退出。（在 vim 编辑状态记得使用：set nu，显示行号。）

[root@Server01 ~]# **vim /etc/httpd/conf.d/userdir.conf**
......
17 # **UserDir disabled**
......
24   **UserDir public_html**
......

（5）SELinux 设置为允许，让防火墙放行 httpd 服务，重启 httpd 服务。

[root@Server01 ~]# **setenforce 0**
[root@Server01 ~]# **firewall-cmd --permanent --add-service=http**
[root@Server01 ~]# **firewall-cmd --reload**
[root@Server01 ~]# **firewall-cmd --list-all**
[root@Server01 ~]# **systemctl restart httpd**

（6）在客户端的浏览器中输入 http://192.168.10.1/~long，看到的用户个人空间的访问效果如图 8-5 所示。

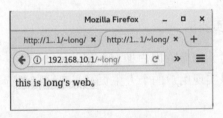

图 8-5 用户个人空间的访问效果

思考：如果分别运行如下命令，再在客户端测试，结果又会如何呢？试一试并思考原因。

[root@Server01 ~]# **setenforce 1**
[root@Server01 ~]# **setsebool -P httpd_enable_homedirs=on**

任务 8-5 虚拟目录实例

要从 Web 站点主目录以外的其他目录发布站点，可以使用虚拟目录实现。虚拟目录是一个位于 Apache 服务器主目录之外的目录，它不包含在 Apache 服务器的主目录中，但在访问 Web 站点的用户看来，它与位于主目录中的子目录是一样的。每一个虚拟目录都有一个别名，客户端可以通过此别名来访问虚拟目录。

由于每个虚拟目录都可以分别设置不同的访问权限，所以非常适合不同用户对不同目录拥有不同权限的情况。另外，只有知道虚拟目录名的用户才可以访问此虚拟目录，除此之外的其他用户将无法访问此虚拟目录。

在 Apache 服务器的主配置文件 httpd.conf 文件中，通过 Alias 命令设置虚拟目录。

【例 8-3】在 IP 地址为 192.168.10.1 的 Apache 服务器中，创建名为/test/的虚拟目录，它对应的物理路径是/virdir/，并在客户端测试。

（1）创建物理目录/virdir/。

```
[root@Server01 ~]# mkdir   -p   /virdir/
```

（2）创建虚拟目录中的默认文件。

```
[root@Server01 ~]# cd    /virdir/
[root@Server01 virdir]# echo "This is Virtual Directory sample。">>index.html
```

（3）修改默认文件的权限，使其他用户具有读和执行权限。

```
[root@Server01 virdir]# chmod 705 index.html
```

或者：

```
[root@Server01 ~]# chmod 705 /virdir     -R
```

（4）修改/etc/httpd/conf/httpd.conf 文件，添加下面的语句。

```
Alias   /test   "/virdir"
<Directory "/virdir">
    AllowOverride None
    Require all granted
</Directory>
```

（5）SELinux 设置为允许，让防火墙放行 httpd 服务，重启 httpd 服务。

```
[root@Server01 ~]# setenforce 0
[root@Server01 ~]# firewall-cmd --permanent --add-service=http
[root@Server01 ~]# firewall-cmd --reload
[root@Server01 ~]# firewall-cmd --list-all
[root@Server01 ~]# systemctl restart httpd
```

（6）在客户端 Client1 的浏览器中输入 http://192.168.10.1/test 后，看到的虚拟目录的访问效果如图 8-6 所示。

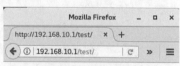

This is Virtual Directory sample。

图 8-6　虚拟目录的访问效果

任务 8-6　配置基于 IP 地址的虚拟主机

虚拟主机在一台 Web 服务器上，可以为多个独立的 IP 地址、域名或端口号提供不同的 Web 站点。对于访问量不大的站点来说，这样可以降低单个站点的运营成本。

下面将分别配置基于 IP 地址的虚拟主机、基于域名的虚拟主机和基于端口号的虚拟主机。

要配置基于 IP 地址的虚拟主机，需要在服务器上绑定多个 IP 地址，并在配置 Apache 中指定不同的网站与不同的 IP 地址关联，访问服务器上不同的 IP 地址将显示不同的网站。

【例 8-4】假设 Apache 服务器具有 192.168.10.1 和 192.168.10.10 两个 IP 地址（提前在服务器中配置这两个 IP 地址）。现需要利用这两个 IP 地址分别创建两个基于 IP 地址的虚拟主机，要求不同的虚拟主机对应的主目录不同，默认文档的内容也不同。配置步骤如下。

（1）在 Server01 的桌面上依次单击"活动"→"显示应用程序"→"设置"→"网络"命令，再单击设置按钮 ⚙，打开图 8-7 所示的"有线"对话框，增加一个 IP 地址 192.168.10.10/24，完成后单击"应用"按钮。这样可以在一块网卡上配置多个 IP 地址，当然也可以直接在多块网卡上配置多个 IP 地址。

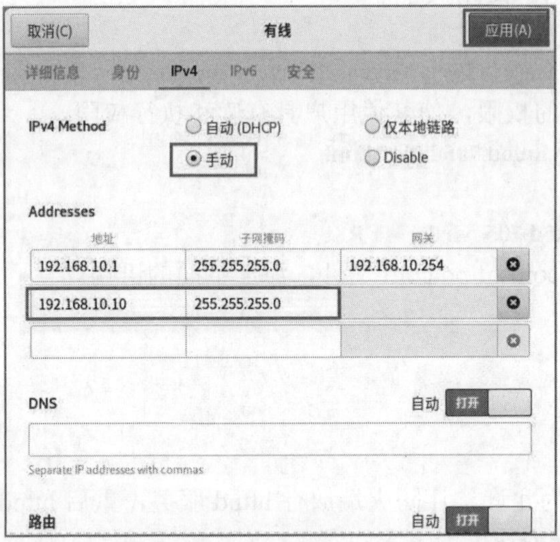

图 8-7　添加 IP 地址

（2）分别创建/var/www/ip1 和/var/www/ip2 两个主目录和默认文件。

```
[root@Server01 ~]# mkdir    /var/www/ip1    /var/www/ip2
[root@Server01 ~]# echo "this is 192.168.10.1's web.">/var/www/ip1/index.html
[root@Server01 ~]# echo "this is 192.168.10.10's web.">/var/www/ip2/index.html
```

（3）添加/etc/httpd/conf.d/vhost.conf 文件。该文件的内容如下。

```
#设置基于 IP 地址 192.168.10.1 的虚拟主机
<Virtualhost 192.168.10.1>
    DocumentRoot    /var/www/ip1
</Virtualhost>

#设置基于 IP 地址 192.168.10.10 的虚拟主机
<Virtualhost 192.168.10.10>
    DocumentRoot /var/www/ip2
</Virtualhost>
```

（4）SELinux 设置为允许，让防火墙放行 httpd 服务，重启 httpd 服务（见前面操作）。

（5）在客户端浏览器中可以看到 http://192.168.10.1 和 http://192.168.10.10 两个网站出现相同的浏览效果，如图 8-8 所示。

图 8-8　测试时出现默认页面

奇怪，为什么看到了 httpd 服务程序的默认页面？按理来说，只有在网站的页面文件不存在或者用户权限不足时，才显示 httpd 服务程序的默认页面。我们在尝试访问 http://192.168.10.1/index.html 页面时，竟然发现页面中显示"Forbidden,You don't have permission to access/index.html on this server."。这一切都是因为主配置文件中没设置目录权限！解决方法是在/etc/httpd/conf/httpd.conf 中添加有关两个网站目录权限的内容（只设置/var/www 目录权限也可以）。

```
<Directory "/var/www/ip1">
    AllowOverride None
    Require all granted
</Directory>

<Directory "/var/www/ip2">
    AllowOverride None
    Require all granted
</Directory>
```

注意：为了不使后面的实训受到前面虚拟主机设置的影响，做完一个实训后，请将配置文件中添加的内容删除，再继续下一个实训。

任务 8-7　配置基于域名的虚拟主机

基于域名的虚拟主机的配置中，服务器只需要一个 IP 地址。不同的虚拟机通过域名来区分，共享同一个 IP 地址。

要建立基于域名的虚拟主机，DNS 服务器中应建立多个主机资源记录，使它们解析到同一个 IP 地址（请读者参考前面内容自行完成）。例如：

```
www1.long60.cn.     IN      A      192.168.10.1
www2.long60.cn.     IN      A      192.168.10.1
```

【例 8-5】假设 Apache 服务器的 IP 地址为 192.168.10.1。在本地 DNS 服务器中，该 IP 地址对应的域名分别为 www1.long60.cn 和 www2.long60.cn。现需要创建基于域名的虚拟主机，要求不同的虚拟主机对应的主目录不同，默认文档的内容也不同。配置步骤如下。

（1）分别创建/var/www/www1 和/var/www/www2 两个主目录和默认文件。

```
[root@Server01 ~]# mkdir     /var/www/www1     /var/www/www2
```

```
[root@Server01 ~]# echo "www1.long60.cn's web.">/var/www/www1/index.html
[root@Server01 ~]# echo "www2.long60.cn's web.">/var/www/www2/index.html
```

（2）修改 httpd.conf 文件。添加目录权限内容如下。

```
<Directory "/var/www">
    AllowOverride None
    Require all granted
</Directory>
```

（3）修改/etc/httpd/conf.d/vhost.conf 文件。该文件的内容如下（原来的内容清空）。

```
<Virtualhost 192.168.10.1>
    DocumentRoot   /var/www/www1
    ServerName   www1.long60.cn
</Virtualhost>

<Virtualhost 192.168.10.1>
    DocumentRoot /var/www/www2
    ServerName   www2.long60.cn
</Virtualhost>
```

（4）SELinux 设置为允许，让防火墙放行 httpd 服务，重启 httpd 服务。在客户端 Client1 上测试，要确保 DNS 服务器解析正确，确保给 Client1 设置正确的 DNS 服务器地址（etc/resolv.conf）。

注意：在本例的配置中，DNS 的正确配置至关重要，一定要确保 long60.cn 域名及主机正确解析，否则无法成功。正向区域配置文件如下（其他设置都与前文相同）。别忘记 DNS 特殊设置及重启操作！

```
[root@Server01 long]# vim /var/named/long60.cn.zone
$TTL 1D
@           IN SOA       dns.long60.cn. mail.long60.cn. (
                                        0           ; serial
                                        1D          ; refresh
                                        1H          ; retry
                                        1W           ; expire
                                        3H )        ; minimum

@               IN    NS              dns.long60.cn.
@               IN    MX      10       mail.long60.cn.

dns             IN    A              192.168.10.1
www1            IN    A              192.168.10.1
www2            IN    A              192.168.10.1
```

思考：为了测试方便，在 Client1 上直接设置/etc/hosts 为如下内容，能否代替 DNS 服务器？

```
192.168.10.1   www1.long60.cn
192.168.10.1   www2.long60.cn
```

任务 8-8　配置基于端口号的虚拟主机

基于端口号的虚拟主机的配置中，服务器只需要一个 IP 地址。所有的虚拟主机共享同一个 IP 地址，他们之间通过不同的端口号进行区分。在配置基于端口号的虚拟主机时，需要利用 Listen 语句指定要监听的端口。

【例 8-6】假设 Apache 服务器的 IP 地址为 192.168.10.1。现需要创建基于 8088 和 8089 两个不同端口号的虚拟主机，要求不同的虚拟主机对应的主目录不同，默认文档的内容也不同，如何配置？配置步骤如下。

（1）分别创建/var/www/8088 和/var/www/8089 两个主目录和默认文件。

```
[root@Server01 ~]# mkdir    /var/www/8088    /var/www/8089
[root@Server01 ~]# echo "8088 port's    web.">/var/www/8088/index.html
[root@Server01 ~]# echo "8089 port's    web.">/var/www/8089/index.html
```

（2）修改/etc/httpd/conf/httpd.conf 文件。该文件的修改内容如下。

```
44      Listen 80
45      Listen 8088
46      Listen 8089
128     <Directory "/home/www">
129         AllowOverride None
130         # Allow open access:
131         Require all granted
132     </Directory>
```

（3）修改/etc/httpd/conf.d/vhost.conf 文件。该文件的内容如下（原来的内容清空）。

```
<Virtualhost 192.168.10.1:8088>
        DocumentRoot    /var/www/8088
</Virtualhost>


<Virtualhost 192.168.10.1:8089>
        DocumentRoot /var/www/8089
</Virtualhost>
```

（4）关闭防火墙和允许 SELinux，重启 httpd 服务，然后在客户端 Client1 上测试。测试结果令人大失所望，如图 8-9 所示。

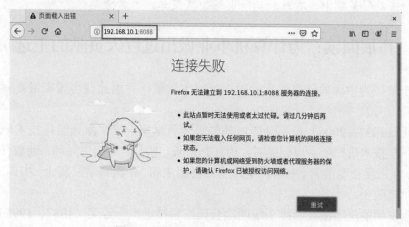

图 8-9　访问 192.168.10.1:8088 报错

（5）处理故障。这是因为 firewall 防火墙检测到 8088 和 8089 端口原本不属于 Apache 服务器应该需要的资源，但现在却以 httpd 服务程序的名义监听使用了，所以防火墙会拒绝 Apache 服务器使用这两个端口。我们可以使用 firewall-cmd 命令永久添加需要的端口到 public 区域，并重启防火墙。

```
[root@Server01 ~]# firewall-cmd --list-all
public (active)  ……
   services: ssh dhcpv6-client samba dns http
   ports:
   ……
[root@Server01 ~]# firewall-cmd --permanent --zone=public --add-port=8088/tcp
[root@Server01 ~]# firewall-cmd --permanent --zone=public --add-port=8089/tcp
[root@Server01 ~]# firewall-cmd --reload
[root@Server01 ~]# firewall-cmd --list-all
public (active)
   ……
   services: ssh dhcpv6-client samba dns http
   ports: 8089/tcp 8088/tcp
……
```

（6）再次在 Client1 上测试，结果如图 8-10 所示。

8088 port's web.   8089 port's web.

图 8-10　不同端口虚拟主机的测试结果

技巧：在终端窗口直接输入 firewall-config 命令打开图形界面的防火墙配置窗口，可以详尽地配置防火墙，包括配置 public 区域的端口等，读者不妨多操作试试，一定会有惊喜。但这个命令默认没有安装，读者需要使用 dnf install firewall-config -y 命令先安装，并且安装完成后，在"活动"菜单中会有单独的防火墙配置菜单，非常方便。

8.4　拓展阅读：为计算机事业做出过巨大贡献的王选院士

王选院士曾经为中国的计算机事业做出过巨大贡献，并因此获得国家最高科学技术奖，你知道王选院士吗？

王选院士（1937—2006）是享誉国内外的著名科学家，汉字激光照排技术创始人，北京大学计算机科学技术研究所主要创建者，历任副所长、所长，博士生导师。他曾任第十届全国政协副主席、九三学社副主席、中国科学技术协会副主席、中国科学院院士、中国工程院院士、第三世界科学院院士。

王选院士发明的汉字激光照排系统两次获国家科技进步一等奖（1987、1995），两次被评为全国十大科技成就（1985、1995），并获国家重大技术装备成果奖特等奖。王选院士一生荣获了国家最高科学技术奖、联合国教科文组织科学奖、陈嘉庚科学奖、美洲中国工程师学会个人成就奖、何梁何利基金科学与技术进步奖等二十多项重大成果和荣誉。

　　1975 年开始,以王选院士为首的科研团队决定跨越当时日本流行的光机式二代机和欧美流行的阴极射线管式三代机阶段,开创性地研制当时国外尚无商品的第四代激光照排系统。针对汉字印刷的特点和难点,他们发明了高分辨率字形的高倍率信息压缩技术和高速复原方法,率先设计出相应的专用芯片,在世界上首次使用控制信息(参数)描述笔划特性。第四代激光照排系统获 1 项欧洲专利和 8 项中国专利,并获第 14 届日内瓦国际发明展金奖、中国专利发明创造金奖,2007 年入选"首届全国杰出发明专利创新展"。

8.5　项目实训:配置与管理 Web 服务器

1. 视频位置

实训前请扫描二维码观看"项目实录　配置与管理 Web 服务器"慕课。

项目实录 配置与管理
Web 服务器

2. 项目背景

　　假如你是某学校的网络管理员,学校的域名为 www.long60.cn。学校计划为每位教师开通个人主页服务,为教师与学生建立沟通的平台。该学校的 Web 服务器搭建与配置网络拓扑如图 8-11 所示。

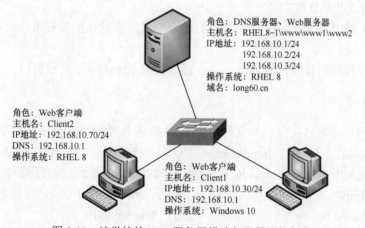

图 8-11　该学校的 Web 服务器搭建与配置网络拓扑

　　学校计划为每位教师开通个人主页服务,要求实现如下功能。

　　(1)网页文件上传完成后,立即自动发布 URL 为 http://www.long60.cn/~的用户名。

　　(2)在 Web 服务器中建立一个名为 private 的虚拟目录,其对应的物理路径是/data/private,并配置 Web 服务器对该虚拟目录启用用户认证,只允许 yun90 用户访问。

　　(3)在 Web 服务器中建立一个名为 private 的虚拟目录,其对应的物理路径是/dir1/test,并配置 Web 服务器,仅允许来自网络 smile60.cn 域和 192.168.10.0/24 网段的客户机访问该虚拟目录。

　　(4)使用 192.168.10.2 和 192.168.10.3 两个 IP 地址,创建基于 IP 地址的虚拟主机,其中,IP 地址为 192.168.10.2 的虚拟主机对应的主目录为/var/www/ip2,IP 地址为 192.168.10.3 的虚拟主机对应的主目录为/var/www/ip3。

（5）创建基于 www1.long60.cn 和 www2.long60.cn 两个域名的虚拟主机，域名为 www1.long60.cn 的虚拟主机对应的主目录为/var/www/long901，域名为 www2.long60.cn 的虚拟主机对应的主目录为/var/www/long902。

3. 深度思考

在观看视频时思考以下几个问题。

（1）使用虚拟目录有何好处？

（2）基于域名的虚拟主机的配置要注意什么？

（3）如何启用用户身份认证？

4. 做一做

根据视频内容，将项目完整地完成。

8.6 练 习 题

一、填空题

1. Web 服务器使用的协议是_____，英文全称是_____，中文名称是_____。

2. HTTP 请求的默认端口是_____。

3. RHEL 8 采用了 SELinux 这种增强的安全模式，在默认的配置下，只有_____服务可以通过。

4. 在命令行控制台窗口，输入_____命令打开 Linux 网络配置窗口。

二、选择题

1. 网络管理员可通过（   ）文件对 WWW 服务器进行访问、控制存取和运行等操作。

    A．lilo.conf   B．httpd.conf   C．inetd.conf   D．resolv.conf

2. 在 RHEL 8 中手动安装 Apache 服务器时，默认的 Web 站点的目录为（   ）。

    A．/etc/httpd   B．/var/www/html

    C．/etc/home   D．/home/httpd

3. 对于 Apache 服务器，提供的子进程的默认用户是（   ）。

    A．root   B．apached   C．httpd   D．nobody

4. 世界上排名第一的 Web 服务器是（   ）。

    A．Apache   B．IIS   C．SunONE   D．NCSA

5. 用户的主页存放的目录由文件 httpd.conf 的参数（   ）设定。

    A．UserDir   B．Directory   C．public_html   D．DocumentRoot

6. 设置 Apache 服务器时，一般将服务的端口绑定到系统的（   ）端口上。

    A．10000   B．23   C．80   D．53

7. 下面（   ）不是 Apache 基于主机的访问控制命令。

    A．allow   B．deny   C．order   D．all

8. 用来设定当服务器产生错误时，显示在浏览器上的管理员 E-mail 地址的命令是（   ）。

    A．Servername   B．ServerAdmin C．ServerRoot   D．DocumentRoot

9．在 Apache 基于用户名的访问控制中，生成用户密码文件的命令是（　　　）。

    A．smbpasswd　　　　B．htpasswd　　　　C．passwd　　　　　D．password

三、实践习题

1．建立 Web 服务器，同时建立一个名为/mytest 的虚拟目录，并完成以下设置。

（1）设置 Apache 根目录为/etc/httpd。

（2）设置首页名称为 test.html。

（3）设置超时时间为 240s。

（4）设置客户端连接数为 500。

（5）设置管理员 E-mail 地址为 root@smile60.cn。

（6）虚拟目录对应的实际目录为/linux/apache。

（7）将虚拟目录设置为仅允许 192.168.10.0/24 网段的客户端访问。

（8）分别测试 Web 服务器和虚拟目录。

2．在文档目录中建立 security 目录，并完成以下设置。

（1）对该目录启用用户认证功能。

（2）仅允许 user1 和 user2 账号访问。

（3）更改 Apache 默认监听的端口，将其设置为 8080。

（4）将允许 Apache 服务的用户和组设置为 nobody。

（5）禁止使用目录浏览功能。

3．建立虚拟主机，并完成以下设置。

（1）建立 IP 地址为 192.168.10.1 的虚拟主机 1，对应的文档目录为/usr/local/www/web1。

（2）仅允许来自.smile60.cn.域的客户端可以访问虚拟主机 1。

（3）建立 IP 地址为 192.168.10.2 的虚拟主机 2，对应的文档目录为/usr/local/www/web2。

（4）仅允许来自.long60.cn.域的客户端访问虚拟主机 2。

项目 9　配置与管理 FTP 服务器

FTP（File Transfer Protocol）是文件传输协议的缩写，它是互联网最早提供的网络服务功能之一，利用 FTP 服务可以实现文件的上传及下载等相关的文件传输服务。本项目将介绍 Linux 下 vsftpd 服务器的安装、配置及使用方法。

- 掌握 FTP 的工作原理。
- 学会配置 vsftpd 服务器。

- 明确职业技术岗位所需的职业规范和精神，树立社会主义核心价值观。
- 增强历史自觉、坚定文化自信。"求木之长者，必固其根本；欲流之远者，必浚其泉源。"发展是安全的基础，安全是发展的条件。青年学生要为信息安全贡献自己的力量！

9.1　项目相关知识

以 HTTP 为基础的 Web 服务功能虽然强大，但对于文件传输来说却略显不足。一种专门用于文件传输的 FTP 服务应运而生。

FTP 服务就是文件传输服务，它具备更强的文件传输可靠性和更高的效率。

9.1.1　FTP 的工作原理

FTP 大大简化了文件传输的复杂性，它能够使文件通过网络从一台计算机传输到另外一台计算机上，却不受计算机和操作系统类型的限制。无论是计算机、服务器、大型机，还是 macOS、Linux、Windows 操作系统，只要双方都支持 FTP，就可以方便、可靠地进行文件传输。

配置与管理 FTP 服务器

FTP 服务的工作过程如图 9-1 所示，具体介绍如下。

（1）FTP 客户端向 FTP 服务器发送连接请求，同时 FTP 客户端系统动态地打开一个大于 1024 的端口（如 1031 端口）等候 FTP 服务器连接。

（2）若 FTP 服务器在端口 21 监听到该请求，则会在 FTP 客户端的 1031 端口和 FTP 服务器的 21 端口之间建立起一个 FTP 会话连接。

（3）当需要传输数据时，FTP 客户端再动态地打开一个大于 1024 的端口（如 1032 端口）连接到 FTP 服务器的 20 端口，并在这两个端口之间进行数据传输。当数据传输完毕，这两个端口会自动关闭。

（4）当 FTP 客户端断开与 FTP 服务器的连接时，FTP 客户端上动态分配的端口将自动释放。

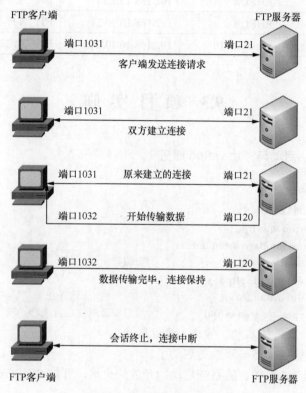

图 9-1　FTP 服务的工作过程

FTP 服务有两种工作模式：主动传输模式（active FTP）和被动传输模式（passive FTP）。

9.1.2　匿名用户

FTP 服务不同于 Web 服务，它首先要求登录服务器，然后进行文件传输。这对于很多公开提供软件下载的服务器来说十分不便，于是匿名用户访问诞生了：FTP 服务通过使用一个共同的用户名 anonymous 和密码不限的管理策略（一般使用用户的邮箱作为密码即可），让任何用户都可以很方便地从 FTP 服务器上下载软件。

9.2　项目设计与准备

一共 3 台计算机，网络连接模式都设置为仅主机模式（VMnet1）。两台安装了 RHEL 8，一台作为服务器，另一台作为客户端使用，还有一台安装了 Windows 10，也作为客户端使用。计算机的配置信息如表 9-1 所示（可以使用虚拟机的"克隆"技术快速安装需要的 Linux 客户端）。

表 9-1　计算机的配置信息

主机名	操作系统	IP 地址	角色及网络连接模式
Server01	RHEL 8	192.168.10.1/24	FTP 服务器；VMnet1
Client1	RHEL 8	192.168.10.20/24	FTP 客户端；VMnet1
Client3	Windows 10	192.168.10.40/24	FTP 客户端；VMnet1

9.3　项目实施

任务 9-1　安装、启动与停止 vsftpd 服务

配置与管理 FTP 服务器

1. 安装 vsftpd 服务

安装 vsftpd 服务的过程如下。

```
[root@Server01 ~]# rpm -q vsftpd
[root@Server01 ~]# mount /dev/cdrom /media
[root@Server01 ~]# dnf clean all                    //安装前先清除缓存
[root@Server01 ~]# dnf install vsftpd -y
[root@Server01 ~]# dnf install ftp -y               //同时安装 ftp 软件包
[root@Server01 ~]# rpm -qa|grep vsftpd              //检查安装组件是否成功
```

2. 启动、重启、随系统启动、停止 vsftpd 服务

安装完 vsftpd 服务后，下一步就是启动了。

若要重新启动 vsftpd 服务、随系统启动，开放防火墙，开放 SELinux 和停止 vsftpd 服务，则输入下面的命令。

（1）重新启动 vsftpd 服务：

```
[root@Server01 ~]# systemctl restart vsftpd
```

（2）设置 vsftpd 服务随系统启动：

```
[root@Server01 ~]# systemctl enable vsftpd
```

（3）开放防火墙：

```
[root@Server01 ~]# firewall-cmd --add-service=ftp --permanent
[root@Server01 ~]# firewall-cmd --reload
```

（4）开放 SELinux：

```
[root@Server01 ~]# setsebool -P ftpd_full_access=on
```

（5）停止 vsftpd 服务：

```
[root@Server01 ~]# systemctl stop vsftpd
```

提示：上面"setsebool -P ftpd_full_access=on"命令也可用"setenforce 0"命令代替。

任务 9-2　认识 vsftpd 的配置文件

vsftpd 的配置主要通过以下几个文件来完成。

1. 主配置文件

vsftpd 是 Linux 系统中一个非常流行的 FTP 服务器，以其安全性而闻名。主配置文件和相

关的文件构成了 vsftpd 运行的核心部分，它们允许管理员自定义和控制 FTP 服务器的行为。
下面是关于 vsftpd 的主配置文件及相关文件的详细介绍：

（1）主配置文件：/etc/vsftpd/vsftpd.conf。vsftpd 的主配置文件（/etc/vsftpd/vsftpd.conf），
包含了服务器的各种设置，如认证方式、用户权限、服务器功能等。此文件的设置直接影响
FTP 服务器的行为和用户的交互体验。主要内容包括：

- 用户认证设置（是否允许匿名登录，本地用户是否能登录）。
- 安全性设置（是否启用 SSL/TLS，最大尝试次数）。
- 传输设置（被动模式端口范围，数据连接的配置）。
- 日志记录设置（启用传输日志和登录日志的路径和格式）。
- 性能设置（最大客户端数量，每 IP 最大连接数）。
- 目录权限和访问控制（文件权限掩码，chroot 环境）。

（2）用户列表文件：/etc/vsftpd/user_list 或/etc/vsftpd/ftpusers。这些文件用于控制哪些用
户可以或不能登录 FTP 服务器。具体的行为取决于 vsftpd.conf 中的设置。

- user_list：如果在 vsftpd.conf 中设置 userlist_enable=YES 和 userlist_deny=NO，则此文
件中的用户将被允许登录。
- ftpusers：通常用来存储不允许通过 FTP 访问服务器的用户列表。这是一个额外的安
全措施，用于阻止特定的系统用户通过 FTP 登录。

（3）PAM 配置文件：/etc/pam.d/vsftpd。PAM（Pluggable Authentication Modules）提供了
一种机制，允许系统进行灵活的用户认证。vsftpd 使用 PAM 模块来处理用户认证。

/etc/pam.d/vsftpd：此文件定义了用于 vsftpd 的 PAM 认证策略，通常包括对用户名和密码
的验证。

（4）日志文件。日志记录是任何服务器管理的一个重要部分，vsftpd 提供了配置选项来
控制日志的生成。

- xferlog_file：在 vsftpd.conf 中定义，指定传输日志文件的位置，通常是/var/log/xferlog。
- vsftpd.log：如果在 vsftpd.conf 中开启了日志记录，操作日志通常保存在
/var/log/vsftpd.log 中。

（5）SSL/TLS 证书文件。如果启用了 SSL/TLS 支持，这些文件将被用来提供加密连接。

- 证书文件：通常位于/etc/ssl/certs。
- 密钥文件：通常位于/etc/ssl/private。

表 9-2 列出了 vsftpd 的主要配置选项，解释了每个选项的功能、推荐的设置值以及可以选
择的值范围等。无论是刚接触服务器管理，还是已经有一些基础，这份表都能帮助读者更好地
理解如何配置 vsftpd，确保 FTP 服务既安全又高效。

表 9-2   vsftpd 配置选项详解表

配置项	描述	推荐值	取值范围	备注
anonymous_enable	是否允许匿名用户登录	NO	YES/NO	出于安全考虑，一般不允许匿名登录
local_enable	是否允许本地系统用户登录	YES	YES/NO	允许系统用户通过 FTP 访问

续表

配置项	描述	推荐值	取值范围	备注
write_enable	是否允许用户上传文件	YES	YES/NO	根据是否需要写入权限来设置
local_umask	设置上传文件的权限掩码	022	000～077	通常用于确保合适的文件权限
dirmessage_enable	当用户进入某个目录时显示该目录下的.message 文件内容	YES	YES/NO	增加用户友好性，显示目录信息
xferlog_enable	是否启用传输日志	YES	YES/NO	记录所有的文件传输详情
connect_from_port_20	是否从端口 20（FTP 标准数据端口）发起连接	YES	YES/NO	符合 FTP 标准，有助于防火墙规则配置
chroot_local_user	是否将用户限制在其主目录中	YES	YES/NO	增加安全性，防止用户访问其他目录
secure_chroot_dir	指定一个用于 chroot 的安全空目录	/var/run/vsftpd/empty	任何有效目录路径	需要为空，且不可写以增强安全
pam_service_name	指定 PAM 服务的名称	vsftpd	任何有效的服务名	确保与/etc/pam.d 中的文件名匹配
userlist_enable	是否启用用户列表控制登录权限	YES	YES/NO	控制特定用户是否可以登录 FTP
userlist_file	指定用户列表文件的位置	/etc/vsftpd/user_list	任何有效文件路径	通常与 userlist_enable 和 userlist_deny 一起使用
userlist_deny	用户列表文件中的用户是否被拒绝登录	NO	YES/NO	设置为 NO 时，列表中的用户可以登录，其他用户不能登录
ascii_upload_enable	是否允许 ASCII 模式上传	NO	YES/NO	根据需要启用或禁用
ascii_download_enable	是否允许 ASCII 模式下载	NO	YES/NO	根据需要启用或禁用
pasv_enable	是否启用被动模式	YES	YES/NO	对于大多数 NAT 背后的服务器来说是必须的
pasv_min_port	被动模式最小端口号	49152	1024～65535	配合 pasv_max_port 使用，根据需要定义端口范围
pasv_max_port	被动模式最大端口号	65534	1024～65535	为被动连接定义端口范围
banner_file	指定一个文件作为登录前的欢迎信息		任何有效文件路径	可用于显示法律声明或欢迎信息
ftpd_banner	自定义登录后显示的欢迎消息		任意文本	直接在配置文件中设置消息
max_clients	允许的最大客户端数量	10	任何正整数	防止过多的同时连接导致服务器过载
max_per_ip	每个 IP 地址允许的最大连接数	5	任何正整数	控制同一 IP 的连接数，防止滥用

任务 9-3 配置匿名用户 FTP 实例

1. vsftpd 的认证模式

在 vsftpd 中，认证模式是决定用户如何登录 FTP 服务器的关键配置。vsftpd 支持多种认证方式，这些方式可以根据系统管理员的需求进行配置。下面详细介绍 vsftpd 的认证模式：

（1）匿名认证：匿名认证允许用户无须提供用户名和密码即可登录 FTP 服务器。这通常用于公开可下载的文件服务器。配置选项包括以下：

anonymous_enable=YES #允许匿名登录。

no_anon_password=YES #设置为 YES 时，匿名用户无须提供密码即可登录。

（2）本地用户认证：本地用户认证指的是使用 Linux 系统的用户账户和密码进行登录。这种方式依赖系统的用户账户管理，适用于需要限制访问的环境。配置选项包括以下：

local_enable=YES #允许系统的本地用户通过 FTP 登录。

chroot_local_user=YES #可选，用于将用户限制在其主目录内，提升安全性。

（3）虚拟用户认证：虚拟用户认证允许管理员设置不在 Linux 系统用户列表中的用户。这种方式需要与 PAM（可插拔认证模块）一起使用，通过配置文件定义用户认证的逻辑。配置选项包括以下：

guest_enable=YES #启用虚拟用户模式。

guest_username=<username> #指定所有虚拟用户在系统内部使用的用户名。

virtual_use_local_privs=YES #给予虚拟用户本地用户的权限。

PAM 配置文件（如/etc/pam.d/vsftpd.vu）中需要配置相应的验证逻辑，例如使用数据库验证用户名和密码。

（4）SSL/TLS 加密认证：vsftpd 支持通过 SSL 或 TLS 来加密用户的登录过程，确保认证信息和数据传输的安全。配置选项包括以下：

ssl_enable=YES #开启 SSL 支持。

rsa_cert_file=/path/to/certificate.pem #指定服务器证书文件的位置。

rsa_private_key_file=/path/to/privatekey.pem #指定服务器私钥文件的位置。

ssl_tlsv1=YES #启用 TLSv1 协议。

ssl_sslv2=NO #禁用 SSLv2 协议。

ssl_sslv3=NO #禁用 SSLv3 协议。

2. 匿名用户登录的参数说明

表 9-3 所示为可以向匿名用户开放的权限参数。

表 9-3 可以向匿名用户开放的权限参数

参数名	描述	推荐值	取值范围	备注
anonymous_enable	是否允许匿名用户登录	YES	YES / NO	控制匿名访问的总开关
anon_root	设置匿名用户的根目录		任意有效路径	指定匿名用户登录后看到的目录
anon_upload_enable	是否允许匿名用户上传文件	NO	YES / NO	出于安全考虑，通常不允许匿名上传

参数名	描述	推荐值	取值范围	备注
anon_mkdir_write_enable	是否允许匿名用户创建目录	NO	YES / NO	出于安全考虑，通常不允许匿名创建目录
anon_other_write_enable	是否允许匿名用户删除或重命名文件	NO	YES / NO	控制匿名用户是否可以删除或重命名文件
no_anon_password	匿名登录时是否需要密码	YES	YES / NO	如果设置为 YES，匿名用户可以不提供密码即可登录
anon_max_rate	限制匿名用户的最大传输速率（每秒字节）		数字（以字节为单位）	用来防止匿名用户占用过多带宽
anon_world_readable_only	只允许匿名用户下载全局可读的文件	YES	YES / NO	增强文件的安全性，避免未授权访问敏感数据

3. 配置匿名用户登录 FTP 服务器实例

【例 9-1】搭建一台 FTP 服务器，允许匿名用户上传和下载文件，匿名用户的根目录设置为/var/ftp。

（1）新建测试文件，编辑/etc/vsftpd/vsftpd.conf 文件。

```
[root@Server01 ~]# touch /var/ftp/pub/sample.tar
[root@Server01 ~]# vim   /etc/vsftpd/vsftpd.conf
```

在文件后面添加如下 4 行语句（语句前后一定不要带空格，若有重复的语句，则删除或直接在其上更改，"#"及后面的内容不要写到文件里）。

```
anonymous_enable=YES
#允许匿名用户访问
anon_root=/var/ftp
#设置匿名用户的根目录为/var/ftp
anon_upload_enable=YES
#允许匿名用户上传文件
anon_mkdir_write_enable=YES
#允许匿名用户创建目录
```

（2）允许 SELinux，让防火墙放行 ftp 服务，重启 vsftpd 服务。

```
[root@Server01 ~]# setenforce 0
[root@Server01 ~]# firewall-cmd --permanent --add-service=ftp
[root@Server01 ~]# firewall-cmd --reload
[root@Server01 ~]# firewall-cmd --list-all
[root@Server01 ~]# systemctl restart vsftpd
```

在 Windows 10 客户端的资源管理器中输入 ftp://192.168.10.1，打开 pub 目录，新建一个文件夹，结果出错了，如图 9-2 所示。什么原因呢？系统的本地权限没有设置！

（3）设置本地系统权限，将属主设为 ftp，或者为 pub 目录赋予其他用户写权限。

```
[root@Server01 ~]# ll -ld /var/ftp/pub
drwxr-xr-x. 2 root root 6 Mar 23   2017 /var/ftp/pub      //其他用户没有写权限
[root@Server01 ~]#   chown ftp /var/ftp/pub              //将属主改为匿名用户 ftp
```

或者：

```
[root@Server01 ~]#    chmod    o+w /var/ftp/pub          //为其他用户赋予写权限
[root@Server01 ~]# ll -ld /var/ftp/pub
drwxr-xr-x. 2 ftp root 6 Mar 23    2017 /var/ftp/pub          //已将属主改为匿名用户 ftp
[root@Server01 ~]# systemctl    restart vsftpd
```

图 9-2　测试 FTP 服务器 192.168.10.1 出错

（4）在 Windows 10 客户端再次测试，在 pub 目录下能够建立新文件夹。

提示：如果在 Linux 客户端上测试，则输入"ftp 192.168.10.1"命令，用户名输入 ftp，不必输入密码，直接按"Enter"键即可。

注意：要实现匿名用户创建文件等功能，仅仅在配置文件中开启这些功能是不够的，还需要注意开放本地文件系统权限，使匿名用户拥有写权限才行，或者改变属主为 ftp。在项目实录中有针对此问题的解决方案。另外也要特别注意防火墙和 SELinux 设置，否则一样会出问题。

任务 9-4　配置本地模式的常规 FTP 服务器实例

1. FTP 服务器配置要求

企业内部现在有一台 FTP 服务器和一台 Web 服务器，其中 FTP 服务器主要用于维护企业的网站内容，包括上传文件、创建目录、更新网页等。企业现有两个部门负责维护任务，两者分别用 team1 和 team2 账号进行管理。要求仅允许 team1 和 team2 账号登录 FTP 服务器，但不能登录本地系统，并将这两个账号的根目录限制为/web/www/html，不能进入该目录以外的任何目录。

2. 需求分析

将 FTP 服务器和 Web 服务器放在一起是企业经常采用的方法，这样方便网站维护。为了增强安全性，需要设置仅允许本地用户访问，并禁止匿名用户登录。然后使用 chroot 功能将 team1 和 team2 锁定在/web/www/html 目录下。如果需要删除文件，则还需要注意本地权限。

3. 解决方案

（1）建立维护网站内容的账号 team1、team2，并为其设置密码。

```
[root@Server01 ~]# useradd    team1; useradd team2; useradd    user1
```

```
[root@Server01 ~]# passwd     team1
[root@Server01 ~]# passwd     team2
[root@Server01 ~]# passwd     user1
```

（2）配置 vsftpd.conf 主配置文件并做相应修改写入配置文件时，去掉注释，语句前后不要加空格。另外，要把任务 9-3 的配置文件恢复到最初状态（可在语句前面加上 "#"），以免实训间互相影响。

```
[root@Server01 ~]# vim     /etc/vsftpd/vsftpd.conf
anonymous_enable=NO
#禁止匿名用户登录
local_enable=YES
#允许本地用户登录
local_root=/web/www/html
#设置本地用户的根目录为/web/www/html
chroot_local_user=NO
#是否限制本地用户，这也是默认值，可以省略
chroot_list_enable=YES
#激活 chroot 功能
chroot_list_file=/etc/vsftpd/chroot_list
#设置锁定用户在根目录中的列表文件
allow_writeable_chroot=YES
#只要启用 chroot 就一定加入这条：允许 chroot 限制，否则会出现连接错误，切记
```

特别提示：chroot_local_user=NO 是默认设置，即如果不做任何 chroot 设置，则 FTP 登录目录是不做限制的。另外，只要启用 chroot，就一定要增加 allow_writeable_chroot=YES 语句。

注意：因为 chroot 是靠 "例外列表" 来实现的，列表内用户即例外的用户，所以根据是否启用本地用户转换，可设置不同目的的 "例外列表"，从而实现 chroot 功能。因此，实现锁定目录有两种方法。

1）锁定目录的第一种表示是除列表内的用户外，其他用户都被限定在固定目录内，即列表内用户自由，列表外用户受限制。这时启用 chroot_local_user=YES。

```
chroot_local_user=YES
chroot_list_enable=YES
chroot_list_file=/etc/vsftpd/chroot_list
allow_writeable_chroot=YES
```

2）锁定目录的第二种表示是除列表内的用户外，其他用户都可自由转换目录，即列表内用户受限制，列表外用户自由。这时启用 chroot_local_user=NO。本例使用第二种。

```
chroot_local_user=NO
chroot_list_enable=YES
chroot_list_file=/etc/vsftpd/chroot_list
allow_writeable_chroot=YES
```

（3）建立/etc/vsftpd/chroot_list 文件，添加 team1 和 team2 账号。

```
[root@Server01 ~]# vim     /etc/vsftpd/chroot_list
team1
team2
```

（4）设置防火墙放行和 SELinux 允许，重启 vsftpd 服务。

```
[root@Server01 ~]# firewall-cmd --permanent --add-service=ftp
```

```
[root@Server01 ~]# firewall-cmd --reload
[root@Server01 ~]# setenforce 0
[root@Server01 ~]# systemctl restart vsftpd
```

思考：如果设置 setenforce 1，那么必须执行 setsebool -P ftpd_full_access=on。这样能保证目录的正常写入和删除等操作。

（5）修改本地权限。

```
[root@Server01 ~]# mkdir    /web/www/html -p
[root@Server01 ~]# touch    /web/www/html/test.sample
[root@Server01 ~]# ll    -d    /web/www/html
[root@Server01 ~]# chmod    -R    o+w    /web/www/html        //其他用户可以写入
[root@Server01 ~]# ll    -d    /web/www/html
```

（6）在 Linux 客户端 Client1 上先安装 ftp 工具，然后测试。

```
[root@Client1 ~]# mount /dev/cdrom /so
[root@Client1 ~]# dnf clean all
[root@Client1 ~]# dnf install ftp -y
```

1）使用 team1 和 team2 用户，两者不能转换目录，但能建立新文件夹，显示的目录是"/"，其实是/web/www/html 文件夹。

```
[root@client1 ~]# ftp 192.168.10.1
Connected to 192.168.10.1 (192.168.10.1).
220 (vsFTPd 3.0.2)
Name (192.168.10.1:root): team1        //锁定用户测试
331 Please specify the password.
Password:                              //输入 team1 用户密码
230 Login successful.
Remote system type is UNIX.
Using binary mode to transfer files.
ftp> pwd
257 "/"                //显示的目录是"/"，其实是/web/www/html，从列示的文件中就知道
ftp> mkdir testteam1
257 "/testteam1" created
ftp> ls
……
-rw-r--r--      1 0          0           0 Jul 21 01:25 test.sample
drwxr-xr-x      2 1001       1001        6 Jul 21 01:48 testteam1
226 Directory send OK.
ftp> get test.sample test1111.sample           //下载到客户端的当前目录
local: test1111.sample remote: test.sample
227 Entering Passive Mode (192,168,10,1,84,24).
150 Opening BINARY mode data connection for test.sample (0 bytes).
226 Transfer complete.
ftp> put test1111.sample    test00.sample        //上传文件并改名为 test00.sample
local: test1111.sample remote: test00.sample
227 Entering Passive Mode (192,168,10,1,158,223).
150 Ok to send data.
226 Transfer complete.
```

```
ftp> ls
227 Entering Passive Mode (192,168,10,1,44,116).
150 Here comes the directory listing.
-rw-r--r--         1 0              0              0 Feb 08 16:16 test.sample
-rw-r--r--         1 1003           1003           0 Feb 08 16:21 test00.sample
drwxr-xr-x         2 1001           1001           6 Feb 08 07:05 testteam1
226 Directory send OK.
ftp> cd /etc
550 Failed to change directory.          //不允许更改目录
ftp> exit
221 Goodbye.
```

2）使用 user1 用户，其能自由转换目录，可以将/etc/passwd 文件下载到主目录，但极其危险。

```
[root@client1 ~]# ftp 192.168.10.1
Connected to 192.168.10.1 (192.168.10.1).
220 (vsFTPd 3.0.2)
Name (192.168.10.1:root): user1        //列表外的用户是自由的
331 Please specify the password.
Password:                              //输入 user1 用户密码
230 Login successful.
Remote system type is UNIX.
Using binary mode to transfer files.
ftp> pwd
257 "/web/www/html"
ftp> mkdir testuser1
257 "/web/www/html/testuser1" created
ftp> cd /etc                           //成功转换到/etc 目录
250 Directory successfully changed.
ftp> get passwd
//成功下载密码文件 passwd 到本地用户的当前目录（本例是/root），可以退出后查看。不安全
local: passwd remote: passwd
227 Entering Passive Mode (192,168,10,1,70,163).
150 Opening BINARY mode data connection for passwd (2790 bytes).
226 Transfer complete.
2790 bytes received in 0.000106 secs (26320.75 Kbytes/sec)
ftp> cd /web/www/html
250 Directory successfully changed.
ftp> ls
……
ftp>exit
[root@Client1 ~]#
```

（7）最后，在 Server01 上把该任务的配置文件新增语句加上 "#" 注释掉。

任务 9-5 设置 vsftp 虚拟账号

FTP 服务器的搭建并不复杂，但需要按照服务器的用途，合理规划相关配置。如果 FTP

服务器并不对互联网上的所有用户开放，则可以关闭匿名访问，而开启实体账号或者虚拟账号的验证机制。但在实际操作中，如果使用实体账号访问，则 FTP 用户在拥有服务器真实用户名和密码的情况下，会对服务器产生潜在的危害。如果 FTP 服务器设置不当，则用户有可能使用实体账号进行非法操作。所以，为了 FTP 服务器安全，可以使用虚拟用户验证方式，也就是将虚拟的账号映射为服务器的实体账号，客户端使用虚拟账号访问 FTP 服务器。

要求：使用虚拟用户 user2、user3 登录 FTP 服务器，访问主目录是/var/ftp/vuser，用户只允许查看文件，不允许上传、修改等操作。

vsftp 虚拟账号的配置主要有以下几个步骤。

1．创建用户数据库

（1）创建用户文本文件。

1）建立保存虚拟账号和密码的文本文件，格式如下。

```
虚拟账号 1
密码
虚拟账号 2
密码
```

2）使用 vim 编辑器建立用户文件 vuser.txt，添加虚拟账号 user2 和 user3，如下所示。

```
[root@Server01 ~]# mkdir    /vftp
[root@Server01 ~]# vim     /vftp/vuser.txt
user2
12345678
user3
12345678
```

（2）生成数据库。保存虚拟账号及密码的文本文件无法被系统账号直接调用，需要使用 db_load 命令生成 db 数据库文件。

```
[root@Server01 ~]# db_load  -T  -t  hash  -f  /vftp/vuser.txt  /vftp/vuser.db
[root@Server01 ~]# ls    /vftp
vuser.db    vuser.txt
```

（3）修改数据库文件访问权限。数据库文件中保存着虚拟账号和密码信息，为了防止用户非法盗取，可以修改该文件的访问权限。

```
[root@Server01 ~]# chmod    700  /vftp/vuser.db; ll    /vftp
```

2．配置 PAM 文件

为了使服务器能够使用数据库文件，对客户端进行身份验证，需要调用系统的可插拔认证模块（PAM），不必重新安装应用程序，通过修改指定的配置文件，调整对该程序的认证方式。PAM 配置文件的路径为/etc/pam.d。该目录下保存着大量与认证有关的配置文件，并以服务名称命名。

下面修改 vsftp 对应的 PAM 配置文件/etc/pam.d/vsftpd，使用 "#" 将默认配置全部注释掉，添加相应字段，如下所示。

```
[root@Server01 ~]# vim    /etc/pam.d/vsftpd
#%PAM-1.0
#session      optional      pam_keyinit.so      force revoke
#auth required pam_listfile.so item=user sense=deny file=/etc/vsftpd/ftpusers onerr=succeed
#auth      required      pam_shells.so
```

#auth	include	password-auth	
#account	include	password-auth	
#session	required	pam_loginuid.so	
#session	include	password-auth	
auth	**required**	**pam_userdb.so**	**db=/vftp/vuser**
account	**required**	**pam_userdb.so**	**db=/vftp/vuser**

3. 创建虚拟账号对应的系统用户，并建立测试文件和目录

```
[root@Server01 ~]# useradd  -d  /var/ftp/vuser  vuser          ①
[root@Server01 ~]# chown   vuser.vuser  /var/ftp/vuser         ②
[root@Server01 ~]# chmod   555  /var/ftp/vuser                 ③
[root@Server01 ~]# touch /var/ftp/vuser/file1; mkdir /var/ftp/vuser/dir1
[root@Server01 ~]# ls   -ld  /var/ftp/vuser                    ④
dr-xr-xr-x. 6 vuser vuser 127 Jul 21 14:28 /var/ftp/vuser
```

以上代码中，带序号的各行的功能说明如下。

①用 useradd 命令添加系统账号 vuser，并将其/home 目录指定为/var/ftp 下的 vuser。

②变更 vuser 目录的所属用户和组，设定为 vuser 用户、vuser 组。

③匿名账号登录时会映射为系统账号，并登录/var/ftp/vuser 目录，但其没有访问该目录的权限，需要为 vuser 目录的属主、属组和其他用户和组添加读和执行权限。

④使用 1s 命令查看 vuser 目录的详细信息，系统账号主目录设置完毕。

4. 修改/etc/vsftpd/vsftpd.conf

```
anonymous_enable=NO                                            ①
anon_upload_enable=NO
anon_mkdir_write_enable=NO
anon_other_write_enable=NO
local_enable=YES                                               ②
chroot_local_user=YES                                          ③
allow_writeable_chroot=YES
write_enable=NO                                                ④
guest_enable=YES                                               ⑤
guest_username=vuser                                           ⑥
listen=YES                                                     ⑦
listen_ipv6=NO                                                 ⑧
pam_service_name=vsftpd                                        ⑨
```

注意： ① "=" 两边不要加空格；②将该内容直接加到配置文件的尾部，但与原文件相同的配置选项前面需要加上 "#"。

以上代码中，带序号的各行的功能说明如下。

①为了保证服务器安全，关闭匿名访问以及其他匿名相关设置。

②因为虚拟账号会映射为服务器的系统账号，所以需要开启本地账号的支持。

③锁定账号的根目录。

④关闭用户的写权限。

⑤开启虚拟账号访问功能。

⑥设置虚拟账号对应的系统账号为 vuser。

⑦设置 FTP 服务器为独立运行。

⑧目前网络环境尚不支持 IPv6，在 listen 设置为 YES 的情况下会导致出现错误无法启动，所以将其值改为 NO。

⑨配置 vsftp 使用的 PAM 为 vsftpd。

5. 设置防火墙放行和 SELinux 允许，重启 vsftpd 服务

具体内容见前文。

6. 在 Client1 上测试

使用虚拟账号 user2、user3 登录 FTP 服务器进行测试，会发现虚拟账号登录成功，并显示 FTP 服务器目录信息。

```
[root@Client1 ~]# ftp 192.168.10.1
Connected to 192.168.10.1 (192.168.10.1).
220 (vsFTPd 3.0.2)
Name (192.168.10.1:root): user2
331 Please specify the password.
Password:
230 Login successful.
Remote system type is UNIX.
Using binary mode to transfer files.
ftp> ls                //可以列示目录信息
227 Entering Passive Mode (192,168,10,1,46,27).
150 Here comes the directory listing.
drwxr-xr-x       2 0         0              6 Feb 08 17:12 dir1
-rw-r--r--       1 0         0              0 Feb 08 17:12 file1
226 Directory send OK.
ftp> cd /etc                //不能更改主目录
550 Failed to change directory.
ftp> mkdir testuser1                //仅能查看，不能写入
550 Permission denied.
ftp> quit
221 Goodbye.
```

特别提示：匿名开放模式、本地用户模式和虚拟用户模式的配置文件，请在出版社网站下载。

9.4　拓展阅读："龙芯之母"——黄令仪院士

中国"芯片之母"黄令仪曾说："我这辈子最大的心愿就是匍匐在地，擦干祖国身上的耻辱！"而她也用自己的实际行动打破了美国的技术封锁，为中国省下了 2 万多亿元的芯片采购费用。

黄令仪 1936 年出生于广西南宁，从小就经历了日寇蹂躏、山河破碎的绝望，目睹同胞被日军飞机炸死，在满目疮痍、民不聊生的恐慌中成长起来，她的报国之心也在那时生根发芽。1958 年，她以优异的成绩进入清华大学半导体专业深造。1960 年在母校创建了国内首个半导体实验室，研发出我国的半导体二极管。黄令仪不断探索，曾参与突破两弹一星瓶颈而开展的芯片研发任务，带领团队成功研制出半导体三极管。

2001 年，中科院向全国发出打造"中国芯"的集结令，尽管经费不足，困难重重，65 岁

的黄令仪毅然加入了龙芯研发团队，成为项目负责人。2018 年，她亲自主持并成功研制了"龙芯三号"，"龙芯三号"的研制成功不仅让歼 20 和北斗都装上了中国芯，让复兴号高铁实现了百分百国产化，更从 2018 年起每年为国家省下至少 2 万亿元的芯片支出。

一块小小的芯片凝聚着中国最前沿的科研力，中国的芯片发展之路并不平坦，但路在脚下，志在心中，年轻一代的科学家已经逐渐成长，未来中国芯的研发之路必将群英汇集，越发璀璨。青年学生应该向老一辈科学家学习，要惜时如金，学好知识，报效祖国。

9.5　项目实训：配置与管理 FTP 服务器

项目实录 配置与管理
FTP 服务器

1．视频位置

实训前请扫描二维码观看"项目实录　配置与管理 FTP 服务器"慕课。

2．项目背景

某企业的 FTP 服务器搭建与配置网络拓扑如图 9-3 所示。该企业想构建一台 FTP 服务器，为企业局域网中的计算机提供文件传输服务，为财务部、销售部和 OA 系统等提供异地数据备份。要求能够对 FTP 服务器设置连接限制、日志记录、消息、验证客户端身份等属性，并能创建用户隔离的 FTP 站点。

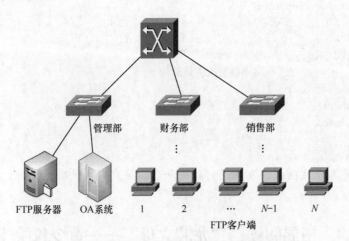

图 9-3　某企业的 FTP 服务器搭建与配置网络拓扑

3．深度思考

在观看视频时思考以下几个问题。

（1）如何使用 service vsftpd status 命令检查 vsftp 的安装状态？

（2）FTP 权限和文件系统权限有何不同？如何进行设置？

（3）为何不建议对根目录设置写权限？

（4）如何设置进入目录后的欢迎信息？

（5）如何锁定 FTP 用户在其"宿主"目录中？

（6）user_list 和 ftpusers 文件都存有用户名列表，如果一个用户同时存在于两个文件中，则最终的执行结果是怎样的？

4. 做一做

根据视频内容，将项目完整地完成。

9.6　练 习 题

一、填空题

1. FTP 服务就是_____服务，FTP 的英文全称是_____。

2. FTP 服务通过使用一个共同的用户名_____和密码不限的管理策略，让任何用户都可以很方便地从这些服务器上下载软件。

3. FTP 服务有两种工作模式：_____和_____。

4. ftp 命令的格式为_____。

二、选择题

1. ftp 命令的参数（　　）可以与指定的机器建立连接。
   A．connect　　　　B．close　　　　　C．cdup　　　　　D．open

2. FTP 服务使用的端口是（　　）。
   A．21　　　　　　B．23　　　　　　C．25　　　　　　D．53

3. 我们从互联网上获得软件最常采用的是（　　）。
   A．WWW　　　　B．telnet　　　　C．FTP　　　　　D．DNS

4. 一次可以下载多个文件用（　　）命令。
   A．mget　　　　　B．get　　　　　C．put　　　　　D．mput

5. 下面（　　）不是 FTP 用户的类别。
   A．real　　　　　B．anonymous　　C．guest　　　　D．users

6. 修改文件 vsftpd.conf 的（　　）可以实现 vsftpd 服务独立启动。
   A．listen=YES　　B．listen=NO　　C．boot=standalone　D．#listen=YES

7. 将用户加入以下（　　）文件中可能会阻止用户访问 FTP 服务器。
   A．vsftpd/ftpusers　　　　　　　B．vsftpd/user_list
   C．ftpd/ftpusers　　　　　　　　D．ftpd/userlist

三、简答题

1. 简述 FTP 的工作原理。

2. 简述 FTP 服务的工作模式。

3. 简述常用的 FTP 软件。

四、实践习题

1. 在 VMWare 虚拟机中启动一台 Linux 服务器作为 vsftpd 服务器，在该系统中添加用户 user1 和 user2。

（1）确保系统安装了 vsftpd 软件包。

（2）设置匿名账号具有上传、创建目录的权限。

（3）利用/etc/vsftpd/ftpusers 文件设置禁止本地 user1 用户登录 FTP 服务器。

（4）设置本地用户 user2 登录 FTP 服务器之后，在进入 dir 目录时显示提示信息 "welcome to user's dir!"。

（5）设置将所有本地用户都锁定在/home 目录中。

（6）设置只有在/etc/vsftpd/user_list 文件中指定的本地用户 user1 和 user2 才能访问 FTP 服务器，其他用户都不可以。

（7）配置基于主机的访问控制，实现如下功能。

● 拒绝 192.168.6.0/24 访问。

● 对 jnrp.net 和 192.168.2.0/24 内的主机不做连接数和最大传输速率限制。

● 对其他主机的访问限制为每个 IP 的连接数为 2，最大传输速率为 500kbit/s。

2．建立仅允许本地用户访问的 vsftp 服务器，并完成以下任务。

（1）禁止匿名用户访问。

（2）建立 s1 和 s2 账号，它们具有读、写权限。

（3）使用 chroot 限制 s1 和 s2 账号在/home 目录中。

项目 10　配置与管理电子邮件服务器

电子邮件服务是互联网上深受欢迎、应用广泛的服务之一，用户可以通过电子邮件服务实现与远程用户的信息交流。能够实现电子邮件收发服务的服务器称为邮件服务器，本项目将介绍基于 Linux 平台的 postfix 邮件服务器的配置方法。

- 了解电子邮件服务的工作原理。
- 掌握 postfix 服务器配置。
- 掌握 dovecot 服务程序的配置。
- 掌握使用 Cyrus-SASL 实现 SMTP 认证的方法。
- 掌握电子邮件服务器的测试。

- 了解国家科学技术奖中最高等级的奖项——国家最高科学技术奖，激发学生的科学精神和爱国情怀。
- "盛年不重来，一日难再晨。及时当勉励，岁月不待人。"盛世之下，青年学生要惜时如金，学好知识，报效国家。

10.1　项目相关知识

10.1.1　电子邮件服务概述

电子邮件（Electronic Mail，E-mail）服务是互联网中重要的服务之一。

与传统邮件相比，电子邮件服务的诱人之处在于传递迅速。如果采用传统的方式发送信件，发一封特快专递也需要至少一天的时间，而发一封电子邮件给远方的用户，通常来说，几秒之内对方就能收到。与最常用的日常通信手段——电话系统相比，电子邮件在速度上虽然不占优势，但它不要求通信双方同时在场。由于电子邮件采用存储转发的方式发送邮件，发送邮件时并不需要收件人处于在线状态，收件人可以根据实际需要随时上网从邮件服务器上收取邮件，方便了信息交流。

与现实生活中的邮件传递类似，每个人必须有一个唯一的电子邮件地址。电子邮件地址的格式为"USER@SERVER.COM"，由三部分组成。第一部分"USER"代表用户邮箱账号，对于同一个邮件接收服务器来说，这个账号必须是唯一的；第二部分"@"是分隔符；第三部分"SERVER.COM"是用户邮箱的邮件接收服务器域名，用以标志其所在的位置。这样的一个电子邮件地址表明该用户在指定的计算机（邮件服务器）上有一块存储空间。Linux 邮件服务器上的邮件存储空间通常是位于/var/spool/mail 目录下的文件。

与常用的网络通信方式不同，电子邮件系统采用缓冲池（spooling）技术处理传递的延迟。用户发送邮件时，邮件服务器将完整的邮件信息存放到缓冲区队列中，系统后台进程会在适当的时候将队列中的邮件发送出去。RFC 822 定义了电子邮件的标准格式，它将一封电子邮件分成头部（head）和正文（body）两部分。邮件的头部包含了邮件的发送方、接收方、发送日期、邮件主题等内容，而正文通常是要发送的信息。

10.1.2　电子邮件系统的组成

配置与管理 postfix
邮件服务器

Linux 系统中的电子邮件系统包括 3 个组件：邮件用户代理（Mail User Agent，MUA）、邮件传输代理（Mail Transfer Agent，MTA）和邮件投递代理（Mail Dilivery Agent，MDA）。

1．MUA

MUA 是电子邮件系统的客户端程序。它是用户与电子邮件系统的接口，主要负责邮件的发送和接收以及邮件的撰写、阅读等工作。目前主流的 MUA 软件有基于 Windows 平台的 Outlook、Foxmail 和基于 Linux 平台的 mail、elm、pine、Evolution 等。

2．MTA

MTA 是电子邮件系统的服务器程序，它主要负责邮件的存储和转发。常用的 MTA 软件有基于 Windows 平台的 Exchange 和基于 Linux 平台的 qmail 和 postfix 等。

3．MDA

MDA 有时也称为本地投递代理（Local Dilivery Agent，LDA）。MTA 把邮件投递到邮件收件人所在的邮件服务器，MDA 则负责把邮件按照收件人的用户名投递到邮箱中。

4．MUA、MTA 和 MDA 协同工作

总的来说，当使用 MUA 程序（如 mail、elm、pine）写邮件时，应用程序把邮件传给 postfix 或 postfix 这样的 MTA 程序。如果邮件是寄给局域网或本地主机的，MTA 程序应该从地址上就可以确定这个信息。如果邮件是发给远程系统用户的，那么 MTA 程序必须能够选择路由，与远程邮件服务器建立连接并发送邮件。MTA 程序还必须能够处理发送邮件时产生的问题，并且能向发件人报告出错信息。例如，当邮件没有填写地址或收件人不存在时，MTA 程序要向发件人报错。MTA 程序还支持别名机制，使用户能够方便地用不同的名字与其他用户、主机或网络通信。MDA 的作用主要是把收件人 MTA 收到的邮件信息投递到相应的邮箱中。

10.1.3　电子邮件传输过程

电子邮件与普通邮件有类似的地方，发件人注明收件人的姓名与地址（邮件地址），发送方服务器把邮件传到收件方服务器，收件方服务器再把邮件发到收件人的邮箱中。图 10-1 所示解释了电子邮件发送过程。

图 10-1　电子邮件发送过程

电子邮件传输的基本过程如图 10-2 所示。

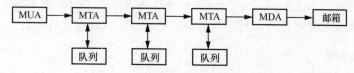

图 10-2　电子邮件传输的基本过程

（1）用户在客户端使用 MUA 撰写邮件，并将写好的邮件提交给本地 MTA 上的缓冲区。

（2）MTA 每隔一定时间发送一次缓冲区中的邮件队列。MTA 根据邮件的收件人地址，使用 DNS 服务器的 MX（Mail Exchange，邮件交换器）资源记录解析邮件地址的域名部分，从而决定将邮件投递到哪一个目标主机。

（3）目标主机上的 MTA 收到邮件以后，根据邮件地址中的用户名部分判断用户的邮箱，并使用 MDA 将邮件投递到该用户的邮箱中。

（4）该邮件的发件人可以使用常用的 MUA 软件登录邮箱，查阅新邮件，并根据自己的需要做相应的处理。

10.1.4　与电子邮件相关的协议

常用的与电子邮件相关的协议有 SMTP、POP3 和 IMAP4。

1. SMTP

简单邮件传输协议（Simple Mail Transfer Protocol，SMTP）默认工作在 TCP 的 25 端口。SMTP 属于客户端/服务器模型，它是一组用于由源地址到目的地址传输邮件的规则，由它来控制邮件的中转方式。SMTP 属于 TCP/IP 协议簇，它帮助每台计算机在发送或中转邮件时找到下一个目的地。通过 SMTP 指定的服务器，就可以把电子邮件寄到收件人的服务器上了。SMTP 服务器是遵循 SMTP 的发送邮件服务器，用来发送或中转发出的电子邮件。SMTP 仅能用来传输基本的文本信息，不支持字体、颜色、声音、图像等信息的传输。为了传输这些内容，目前在互联网中广为使用的是多用途互联网邮件扩展（Multipurpose Internet Mail Extension，MIME）协议。MIME 弥补了 SMTP 的不足，解决了 SMTP 仅能传输 ASCII 文本的限制。目前，SMTP 和 MIME 协议已经广泛应用于各种电子邮件系统中。

2. POP3

邮局协议的第 3 个版本（Post Office Protocol 3，POP3）默认工作在 TCP 的 110 端口。POP3 同样也属于客户端/服务器模型，它规定怎样将个人计算机连接到互联网的邮件服务器和怎样下载电子邮件。它是互联网电子邮件的第一个离线协议标准。POP3 允许从服务器上把邮件存储到本地主机，即自己的计算机上，同时删除保存在邮件服务器上的邮件。遵循 POP3 来接收电子邮件的服务器是 POP3 服务器。

3. IMAP4

互联网信息访问协议的第 4 个版本（Internet Message Access Protocol 4，IMAP4）默认工作在 TCP 的 143 端口。它是用于从本地服务器上访问电子邮件的协议，也是一个客户端/服务器模型协议，用户的电子邮件由服务器负责接收保存，用户可以通过浏览邮件头来决定是否要下载此邮件。用户也可以在服务器上创建或更改文件夹或邮箱、删除邮件或检索邮件的特定部分。

注意： 虽然 POP3 和 IMAP4 都用于处理电子邮件的接收，但二者在机制上有所不同。当用户访问电子邮件时，IMAP4 需要持续访问邮件服务器，而 POP3 则是将电子邮件保存在服务器上；当用户阅读电子邮件时，所有内容都会被立即下载到用户的机器上。

10.1.5 邮件中继

前文讲解了整个邮件转发的流程，实际上，邮件服务器在接收到邮件以后，会根据邮件的目的地址判断该邮件是发送至本域还是外部，然后分别进行不同的操作，常见的处理方法有以下两种。

1. 本地邮件发送

当邮件服务器检测到邮件发往本地邮箱时，如 yun@smile60.cn 发送至 ph@smile60.cn，处理方法比较简单，会直接将邮件发往指定的邮箱。

2. 邮件中继

中继是指要求用户的服务器向其他服务器传递邮件的一种请求。一个服务器处理的邮件只有两类，一类是外发的邮件，另一类是接收的邮件，前者是本域用户通过服务器向外部转发的邮件，后者是发送给本域用户的邮件。

一个服务器不应该处理过路的邮件，就是既不是你的用户发送的，也不是发送给你的用户的，而是一个外部用户发送给另一个外部用户的。这一行为称为第三方中继。如果不需要经过验证就可以中继邮件到组织外，则称为开放中继（open relay）。第三方中继和开放中继是要禁止的，但中继是不能关闭的。这里需要了解以下几个概念。

（1）中继。用户通过服务器将邮件传递到组织外。

（2）开放中继。不受限制的组织外中继，即无验证的用户也可提交中继请求。

（3）第三方中继。由服务器提交的开放中继不是从客户端直接提交的。比如用户的域是 A，用户通过服务器 B（属于 B 域）中转邮件到 C 域。这时在服务器 B 上看到的是连接请求来源于 A 域的服务器（不是客户），而邮件既不是服务器 B 所在域用户提交的，也不是发送至 B 域的，这就属于第三方中继。这也是垃圾邮件的根本。如果用户直接连接你的服务器发送邮件，这是无法阻止的，比如群发软件。但如果关闭了开放中继，那么他只能发送到你的组织内用户，无法将邮件中继出组织。

3. 邮件认证机制

如果关闭了开放中继，那么只有该组织内的用户通过验证后，才可以提交中继请求。也就是说，用户要发邮件到组织外，一定要经过验证。要注意的是不能关闭中继，否则邮件系统只能在组织内使用。邮件认证机制要求用户在发送邮件时必须提交账号及密码，邮件服务器验证该用户属于该域合法用户后，才允许转发邮件。

10.2 项目设计与准备

10.2.1 项目设计

本项目选择企业版 Linux 网络操作系统提供的电子邮件系统 postfix 来部署电子邮件服务，利用 Windows 10 的 Outlook 程序来收发邮件（如果没安装请从网上下载后安装）。

10.2.2   项目准备

部署电子邮件服务应做好下列准备工作。

（1）安装好企业版 Linux 网络操作系统，并且必须保证 Apache 服务和 perl 语言解释器正常工作。客户端使用 Linux 和 Windows 操作系统。服务器和客户端能够通过网络进行通信。

（2）电子邮件服务器的 IP 地址、子网掩码等 TCP/IP 参数应手动配置。

（3）电子邮件服务器应拥有友好的 DNS 名称，应能够被正常解析，并且具有电子邮件服务所需的 MX 资源记录。

（4）创建任何电子邮件域之前，规划并设置好 POP3 服务器的身份验证方法。

计算机的配置信息如表 10-1 所示（可以使用虚拟机的"克隆"技术快速安装需要的 Linux 客户端）。

表 10-1   计算机的配置信息

主机名	操作系统	IP 地址	角色及网络连接模式
邮件服务器：Server01	RHEL 8	192.168.10.1	DNS 服务器、postfix 邮件服务器；VMnet1
Linux 客户端：Client1	RHEL 8	IP 和 DNS 根据不同任务设定	邮件测试客户端；VMnet1
Windows 客户端：Client2	Windows 10	IP 和 DNS 根据不同任务设定	邮件测试客户端；VMnet1

10.3   项目实施

任务 10-1   配置 postfix 常规服务器

在 RHEL 5、RHEL 6 以及诸多早期的 Linux 系统中，默认使用的发件服务是由 sendmail 服务程序提供的，而在 RHEL 8 中已经替换为 postfix 服务程序。相较于 sendmail 服务程序，postfix 服务程序减少了很多不必要的配置步骤，而且在稳定性、并发性方面也有很大改进。

想要成功地架设 postfix 邮件服务器，除了需要理解其工作原理，还需要清楚整个设定流程，以及在整个流程中每一步的作用。设定一个简易 postfix 邮件服务器主要包含以下几个步骤。

（1）配置好 DNS。

（2）配置 postfix 服务程序。

（3）配置 dovecot 服务程序。

（4）创建电子邮件系统的登录账户。

（5）启动 postfix 邮件服务器。

（6）测试电子邮件系统。

配置与管理 postfix
邮件服务器

1. 安装 bind 和 postfix 服务

```
[root@Server01 ~]# rpm -q postfix
[root@Server01 ~]# mount /dev/cdrom /media
[root@Server01 ~]# dnf clean all              //安装前先清除缓存
[root@Server01 ~]# dnf install bind postfix -y
```

```
[root@Server01 ~]# rpm –qa|grep postfix          //检查安装组件是否成功
```

2. 开放 dns、smtp 服务

打开 SELinux 有关的布尔值，在防火墙中开放 dns、smtp 服务。重启服务，并设置开机重启生效。

```
[root@Server01 ~]# setsebool  -P  allow_postfix_local_write_mail_spool  on
[root@Server01 ~]# systemctl restart postfix
[root@Server01 ~]# systemctl restart named
[root@Server01 ~]# systemctl enable named
[root@Server01 ~]# systemctl enable postfix
[root@Server01 ~]# firewall-cmd --permanent --add-service=dns
[root@Server01 ~]# firewall-cmd --permanent --add-service=smtp
[root@Server01 ~]# firewall-cmd --reload
```

3. postfix 服务程序主配置文件设置

postfix 服务程序主配置文件/etc/ postfix/main.cf 有 679 行左右的内容，其主要参数如表 10-2 所示。

表 10-2　postfix 服务程序主配置文件中的主要参数

参数	作用
myhostname	邮局系统的主机名
mydomain	邮局系统的域名
myorigin	从本机发出邮件的域名名称
inet_interfaces	监听的网卡接口
mydestination	可接收邮件的主机名或域名
mynetworks	设置可转发哪些主机的邮件
relay_domains	设置可转发哪些网域的邮件

使用如下命令可以查看带行号的主配置文件内容。

```
[root@Server01 ~]# cat   /etc/postfix/main.cf  -n
```

在 postfix 服务程序的主配置文件中，总计需要修改以下 5 处。

（1）在第 95 行定义一个名为 myhostname 的变量，用来保存服务器的主机名。还要记住以下的参数，有时需要调用它。

```
myhostname = mail.long60.cn
```

（2）在第 103 行定义一个名为 mydomain 的变量，用来保存邮件域的名称。后文也要调用这个变量。

```
mydomain = long60.cn
```

（3）在第 119 行调用 mydomain 变量，用来定义发出邮件的域。调用变量的好处是避免重复写入信息，以及便于日后统一修改。

```
myorigin = $mydomain
```

（4）在第 135 行定义网卡监听地址。可以指定要使用服务器的哪些 IP 地址对外提供电子邮件服务，若直接写成 all，代表所有 IP 地址都能提供电子邮件服务。

```
inet_interfaces = all
```

（5）在第 187 行定义可接收邮件的主机名或域名列表。这里可以直接调用前面定义好的 myhostname 和 mydomain 变量（如果不想调用变量，则也可以直接调用变量中的值）。

```
mydestination = $myhostname , $mydomain,localhost
```

4. 别名和群发设置

用户别名设置是经常用到的一个功能。顾名思义，别名就是给用户起的另外一个名字。例如，给用户 A 起个别名为 B，以后发给 B 的邮件实际是 A 用户来接收的。为什么说这是一个经常用到的功能呢？第一，root 用户无法收发邮件，如果有发给 root 用户的邮件，就必须为 root 用户建立别名。第二，群发设置需要用到这个功能。企业内部在使用邮件服务时，经常会按照部门群发邮件，发给财务部门的邮件只有财务部的人才会收到，其他部门的人则无法收到。

要使用别名设置功能，首先需要在/etc 目录下建立文件 aliases，然后编辑文件内容，其格式如下。

```
alias: recipient[,recipient,…]
```

其中，alias 为邮件地址中的用户名（别名），recipient 是实际接收该邮件的用户。下面通过几个例子来说明用户别名的设置方法。

【例 10-1】为 user1 账号设置别名为 zhangsan，为 user2 账号设置别名为 lisi，方法如下。

```
[root@Server01 ~]# vim     /etc/aliases
//添加下面两行：
zhangsan: user1
lisi: user2
```

【例 10-2】假设网络组的每位成员在本地 Linux 系统中都拥有一个真实的电子邮件账号，现在要给网络组的所有成员发送一封相同内容的电子邮件，则可以使用用户别名机制中的邮件列表功能实现，方法如下。

```
[root@Server01 ~]# vim     /etc/aliases
network_group: net1,net2,net3,net4
```

这样，通过给 network_group 发送邮件就可以给网络组中的 net1、net2、net3 和 net4 都发送一封同样的邮件。

最后，在设置过 aliases 文件后，还要使用 newaliases 命令生成 aliases.db 数据库文件。

```
[root@Server01 ~]# newaliases
```

5. 利用 access 文件设置邮件中继

access 文件用于控制邮件中继和邮件的进出管理。可以利用 access 文件来限制哪些客户端可以使用此邮件服务器来转发邮件。例如，限制某个域的客户端拒绝转发邮件，也可以限制某个网段的客户端可以转发邮件。access 文件的内容会以列表形式体现出来，其格式如下。

```
对象     处理方式
```

对象和处理方式的表现形式并不单一，每一行都包含对象和对它们的处理方式。下面简单介绍常见的对象和处理方式的类型。

access 文件中的每一行都具有一个对象和一种处理方式，需要根据环境需要进行二者的组合。来看一个示例，使用 vim 命令查看默认的 access 文件。

默认的设置表示来自本地的客户端允许使用 Mail 服务器收发邮件。通过修改 access 文件，可以设置邮件服务器对电子邮件的转发行为，但是配置后必须使用 postmap 建立新的 access.db 数据库。

【**例 10-3**】允许 192.168.0.0/24 网段和 long60.cn 自由发送邮件，但拒绝客户端 clm.long60. cn，及除 192.168.2.100 以外的 192.168.2.0/24 网段的所有主机。

```
[root@Server01 ~]# vim     /etc/postfix/access
192.168.0                              OK
.long60.cn                             OK
clm.long60.cn                          REJECT
192.168.2.100                          OK
192.168.2                              REJECT
```

还需要在/etc/postfix/main.cf 中增加以下内容。

```
smtpd_client_restrictions = check_client_access hash:/etc/postfix/access
```

特别注意：只有增加最后一行内容，访问控制的过滤规则才生效。

最后使用 postmap 生成新的 access.db 数据库。

```
[root@Server01 ~]# postmap    hash:/etc/postfix/access
[root@Server01 ~]# ls -l /etc/postfix/access*
-rw-r--r--. 1 root root 20986 Aug   4 18:53 /etc/postfix/access
-rw-r--r--. 1 root root 12288 Aug   4 18:55 /etc/postfix/access.db
```

6．设置邮箱容量

（1）设置用户邮件的大小限制。编辑/etc/postfix/main.cf 配置文件，限制发送的邮件大小最大为 5MB，添加以下内容。

```
message_size_limit=5000000
```

（2）通过磁盘配额限制用户邮箱空间。

1）使用 **df -hT** 命令查看邮件目录挂载信息，如图 10-3 所示。

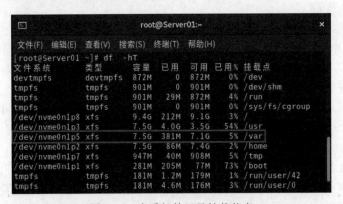

图 10-3　查看邮件目录挂载信息

2）使用 vim 编辑器修改/etc/fstab 文件，如图 10-4 所示（一定保证/var 是单独的 xfs 分区）。

图 10-4　修改/etc/fstab 文件

在项目 1 的硬盘分区中已经考虑了独立分区的问题，这样就保证了该实训的正常进行。从图 10-3 可以看出，/var 已经自动挂载了。

3）/dev/nvme0n1p5（这是非易失性硬盘的表示，类似于/dev/sda5，在项目 1 中有介绍）分区格式为 xfs，查看是否自动开启磁盘配额功能。

```
[root@Server01 ~]# mount |grep /var
/dev/nvme0n1p5 on /var type xfs (rw,relatime,seclabel,attr2,inode64,noquota)
sunrpc on /var/lib/nfs/rpc_pipefs type rpc_pipefs (rw,relatime)
```

4）"noquota"说明没有自动开启磁盘配额功能，所以要编辑/etc/fstab 文件，在 defaults 后面增加 ",usrquota,grpquota" 配额参数，如下所示。

```
UUID=f2a5970d-e577-4ebb-af7d-5e92a06c4172/var  xfs defaults, usrquota, grpquota    0 0
```

usrquota 为用户的配额参数，grpquota 为组的配额参数。保存退出，重新启动系统，使操作系统按照新的参数挂载文件系统。

5）重启系统后再次查看配额激活情况。

```
[root@Server01 ~]# mount |grep /var
/dev/nvme0n1p5 on /var type xfs (rw,relatime,seclabel,attr2,inode64,usrquota,grpquota)
sunrpc on /var/lib/nfs/rpc_pipefs type rpc_pipefs (rw,relatime)
[root@Server01 ~]# quotaon -p /var
group quota on /var (/dev/nvme0n1p5) is on
user quota on /var (/dev/nvme0n1p5) is on
```

6）设置磁盘配额。下面为用户和组配置详细的配额限制，使用 edquota 命令设置磁盘配额，命令格式如下。

```
edquota -u 用户名或 edquota -g 组名
```

为用户 bob 配置磁盘配额限制，执行 edquota 命令，打开用户配额编辑文件，如下所示（bob 用户一定是存在的 Linux 系统用户）。

```
[root@Server01 ~]# useradd bob; passwd bob
[root@Server01 ~]# edquota   -u   bob
Disk quotas for user bob (uid 1015):
  Filesystem          blocks      soft      hard     inodes      soft      hard
  /dev/nvme0n1p5         0          0         0         1          0         0
```

磁盘配额参数的含义如表 10-3 所示。

表 10-3　磁盘配额参数的含义

参数	含义
Filesystem	文件系统的名称
blocks	用户当前使用的块数（磁盘空间），单位为 KB
soft	可以使用的最大磁盘空间。可以在一段时期内超过软限制规定
hard	可以使用的磁盘空间的最大绝对值。达到该限制后，操作系统将不再为用户或组分配磁盘空间
inodes	用户当前使用的索引节点数量（文件数）
soft	可以使用的最大文件数。可以在一段时期内超过软限制规定
hard	可以使用的文件数的最大绝对值。达到了该限制后，用户或组将不能再建立文件

设置磁盘空间或者文件数限制，需要修改对应的 soft、hard 值，而不要修改 blocks 和 inodes 值，根据当前磁盘的使用状态，操作系统会自动设置这两个字段的值。

注意：如果 soft 或者 hard 设置为 0，则表示没有限制。

这里将磁盘空间的硬限制设置为 100MB，编辑完成后存盘退出。

```
[root@Server01 ~]# edquota   -u   bob
Disk quotas for user bob (uid 1015):
  Filesystem          blocks      soft       hard       inodes     soft       hard
  /dev/nvme0n1p5        0          0        100000        1         0          0
```

任务 10-2　配置 dovecot 服务程序

在 postfix 邮件服务器 Server01 上进行基本配置以后，邮件服务器就可以完成电子邮件的发送工作，但是如果需要使用 POP3 和 IMAP 接收邮件，则还需要安装 dovecot 服务程序软件包。

1. 安装 dovecot 服务程序软件包

（1）安装 POP3 和 IMAP。

```
[root@Server01 ~]# mount   /dev/cdrom /media
[root@Server01 ~]# dnf install dovecot -y
[root@Server01 ~]# rpm -qa |grep dovecot
dovecot-2.3.8-2.el8.x86_64
```

（2）启动 POP3 服务，同时开放 POP3 和 IMAP 对应的 TCP 端口 110 和 143。

```
[root@Server01 ~]# systemctl restart   dovecot
[root@Server01 ~]# systemctl enable   dovecot
[root@Server01 ~]# firewall-cmd --permanent --add-port=110/tcp
[root@Server01 ~]# firewall-cmd --permanent --add-port=25/tcp
[root@Server01 ~]# firewall-cmd --permanent --add-port=143/tcp
[root@Server01 ~]# firewall-cmd --reload
```

（3）测试。使用 netstat 命令测试是否开启 POP3 的 110 端口和 IMAP 的 143 端口。

```
[root@Server01 ~]#netstat   -an|grep    :110
tcp    0    0 0.0.0.0:110         0.0.0.0:*           LISTEN
tcp6   0    0 :::110              :::*                LISTEN
[root@Server01 ~]#netstat   -an|grep    :143
tcp    0    0 0.0.0.0:143         0.0.0.0:*           LISTEN
tcp6   0    0 :::143              :::*                LISTEN
```

如果显示 110 和 143 端口开启，则表示 POP3 以及 IMAP 服务已经可以正常工作。

2. 配置部署 dovecot 服务程序

（1）在 dovecot 服务程序的主配置文件中进行如下修改。首先是第 24 行，把 dovecot 服务程序支持的电子邮件协议修改为 IMAP、POP3 和 LMTP。不修改也可以，默认就是这些协议。

```
[root@Server01   ~]#  vim /etc/dovecot/dovecot.conf
protocols = imap pop3 lmtp
```

（2）在主配置文件中的第 48 行，设置允许登录的网段地址，也就是说，可以在这里限制只有来自某个网段的用户才能使用电子邮件系统。如果想允许所有人都能使用，则修改如下。

```
login_trusted_networks = 0.0.0.0/0
```

也可修改为某网段，如 192.168.10.0/24。

特别注意：本字段一定要启用，否则在连接 telnet 使用 25 号端口收邮件时会出现错误："-ERR [AUTH] Plaintext authentication disallowed on non-secure (SSL/TLS) connections.。"

3．配置邮件格式与存储路径

在 dovecot 服务程序单独的子配置文件中，定义一个路径，用于指定将收到的邮件存放到服务器本地的哪个位置。这个路径默认已经定义好了，只需要将该配置文件中第 24 行前面的"#"删除即可，然后存盘退出。

```
[root@Server01 ~]# vim /etc/dovecot/conf.d/10-mail.conf
mail_location = mbox:~/mail:INBOX=/var/mail/%u
```

4．创建用户，建立保存邮件的目录

以创建 user1 和 user2 为例。创建用户完成后，建立相应用户的保存邮件的目录（这是必需的，否则会出错）。

```
[root@Server01 ~]# useradd user1
[root@Server01 ~]# useradd user2
[root@Server01 ~]# passwd user1
[root@Server01 ~]# passwd user2
[root@Server01 ~]# mkdir -p /home/user1/mail/.imap/INBOX
[root@Server01 ~]# mkdir -p /home/user2/mail/.imap/INBOX
```

至此，对 dovecot 服务程序的配置部署全部结束。

任务 10-3 配置一个完整的收发邮件服务器并测试

postfix 邮件服务器和 DNS 服务器的地址为 192.168.10.1，利用 telnet 命令，使邮件地址为 user3@long60.cn 的用户向邮件地址为 user4@long60.cn 的用户发送主题为 "The first mail：user3 TO user4" 的邮件，同时使用 telnet 命令从 IP 地址为 192.168.10.1 的 POP3 服务器接收电子邮件。

分析：当 postfix 邮件服务器搭建好之后，应该尽可能快地保证服务器正常使用，一种快速、有效的测试方法是使用 telnet 命令直接登录服务器的 25 端口，并收发邮件以及对 postfix 进行测试。

在测试之前，先确保telnet的服务器软件和客户端软件已经安装（分别在 Server01 和 Client1 上安装，不再一一分述）。为了避免原来的设置影响本次实训，建议将计算机恢复到初始状态。具体操作过程如下。

1．在 Server01 上安装 dns、postfix、dovecot 和 telnet，并启动

（1）安装 dns、postfix、dovecot 和 telnet。

```
[root@Server01 ~]# mount /dev/cdrom /media
[root@Server01 ~]# dnf clean all                        //安装前先清除缓存
[root@Server01 ~]# dnf install bind postfix dovecot telnet-server telnet -y
```

（2）打开 SELinux 有关的布尔值，在防火墙中开放 DNS、SMTP 服务。

```
[root@Server01 ~]    # setsebool -P allow_postfix_local_write_mail_spool on
[root@Server01 ~]# firewall-cmd --permanent --add-service=dns
[root@Server01 ~]# firewall-cmd --permanent --add-service=smtp
[root@Server01 ~]# firewall-cmd --permanent --add-service=telnet
[root@Server01 ~]# firewall-cmd --reload
```

（3）启动 POP3 服务，同时开放 POP3 和 IMAP 对应的 TCP 端口 110 和 143。

```
[root@Server01 ~]# firewall-cmd --permanent --add-port=110/tcp
[root@Server01 ~]# firewall-cmd --permanent --add-port=25/tcp
[root@Server01 ~]# firewall-cmd --permanent --add-port=143/tcp
[root@Server01 ~]# firewall-cmd --reload
```

2．在 Server01 上配置 DNS 服务器，设置 MX 资源记录

配置 DNS 服务器，并设置虚拟域的 MX 资源记录，具体步骤如下。

（1）编辑修改 DNS 服务器的主配置文件，添加 long60.cn 域的区域声明（options 部分省略，按常规配置即可，完全的配置文件见 www.ryjiaoyu.com 或向作者索要）。

```
[root@Server01 ~]# vim /etc/named.conf
zone "long60.cn" IN {
        type master;
        file "long60.cn.zone";   };

zone "10.168.192.in-addr.arpa" IN {
        type            master;
        file            "1.10.168.192.zone";
  };
#include "/etc/named.zones";
```

注释掉 include 语句，避免受影响，因为本例在 named.conf 中已经直接写入了域的声明，所以不需要再定义 named.zones。也就是本例已将 named.conf 和 named.zones 两个文件的内容合并到了 named.conf 一个文件中了。

（2）编辑 long60.cn 区域的正向解析数据库文件。

```
[root@Server01 ~]# vim /var/named/long60.cn.zone
$TTL 1D
@       IN SOA   long60.cn.   root.long60.cn. (
                                2013120800    //serial
                                1D            //refresh
                                1H            //retry
                                1W            //expire
                                3H )          //minimum

@               IN      NS              dns.long60.cn.
@               IN      MX      10      mail.long60.cn.
dns             IN      A               192.168.10.1
mail            IN      A               192.168.10.1
smtp            IN      A               192.168.10.1
pop3            IN      A               192.168.10.1
```

（3）编辑 long60.cn 区域的反向解析数据库文件。

```
[root@Server01 ~]# vim /var/named/1.10.168.192.zone
$TTL 1D
@       IN SOA    @    root.long60.cn. (
                                0        //serial
                                1D       //refresh
                                1H       // retry
                                1W       //expire
```

				3H) //minimum
@	IN	NS		dns.long60.cn.
@	IN	MX	10	mail.long60.cn.
1	IN	PTR		dns.long60.cn.
1	IN	PTR		mail.long60.cn.
1	IN	PTR		smtp.long60.cn.
1	IN	PTR		pop3.long60.cn.

（4）利用下面的命令重新启动 DNS 服务，使配置生效，并测试。

```
[root@Server01 ~]# systemctl restart named
[root@Server01 ~]# systemctl enable named
[root@Server01 ~]# nslookup
> mail.long60.cn
Server:        127.0.0.1
Address:    127.0.0.1#53

Name:      mail.long60.cn
Address: 192.168.10.1
> 192.168.10.1
1.10.168.192.in-addr.arpa      name = smtp.long60.cn.
1.10.168.192.in-addr.arpa      name = mail.long60.cn.
1.10.168.192.in-addr.arpa      name = dns.long60.cn.
1.10.168.192.in-addr.arpa      name = pop3.long60.cn.
>exit
```

3. 在 Server01 上配置邮件服务器

先配置/etc/ postfix/main.cf，再配置 dovecot 服务程序。

（1）配置/etc/ postfix/main.cf（前面配置过）。

```
[root@Server01 ~]# vim /etc/postfix/main.cf
myhostname = mail.long60.cn
mydomain = long60.cn
myorigin = $mydomain
inet_interfaces = all
mydestination = $myhostname,$mydomain,localhost
```

（2）配置 dovecot.conf（前面配置过）。

```
[root@Server01 ~]# vim /etc/dovecot/dovecot.conf
protocols = imap pop3 lmtp
login_trusted_networks = 0.0.0.0/0
```

（3）配置邮件格式和路径（默认已配置好，在第 25 行左右），建立邮件目录（极易出错）。

```
[root@Server01 ~]# vim /etc/dovecot/conf.d/10-mail.conf
mail_location = mbox:~/mail:INBOX=/var/mail/%u
[root@Server01 ~]# useradd user3
[root@Server01 ~]# useradd user4
[root@Server01 ~]# passwd user3
[root@Server01 ~]# passwd user4
```

```
[root@Server01 ~]# mkdir -p /home/user3/mail/.imap/INBOX
[root@Server01 ~]# mkdir -p /home/user4/mail/.imap/INBOX
```

（4）启动各种服务，配置防火墙，允许布尔值等。

```
[root@Server01 ~]# systemctl restart postfix
[root@Server01 ~]# systemctl restart named
[root@Server01 ~]# systemctl restart   dovecot
[root@Server01 ~]# systemctl enable postfix
[root@Server01 ~]# systemctl enable   dovecot
[root@Server01 ~]# systemctl enable named
[root@Server01 ~]# setsebool   -P   allow_postfix_local_write_mail_spool   on
```

4. 在 Client1 上使用 telnet 发送邮件

使用 telnet 发送邮件（在 Client1 客户端测试，确保 DNS 服务器设为 192.168.10.1）。

（1）在 Client1 上测试 DNS 是否正常，这一步至关重要。

```
[root@Client1 ~]# vim /etc/resolv.conf
nameserver 192.168.10.1
[root@Client1 ~]# nslookup
> set type=MX
> long60.cn
Server:         192.168.10.1
Address:        192.168.10.1#53

long60.cn   mail exchanger = 10 mail.long60.cn.
> exit
```

（2）在 Client1 上依次安装 telnet 所需的软件包。

```
[root@Client1 ~]# rpm -qa|grep telnet
[root@Client1 ~]# dnf install telnet-server -y      //安装 telnet 服务器软件
[root@Client1 ~]# dnf install telnet -y             //安装 telnet 客户端软件
[root@Client1 ~]# rpm –qa|grep telnet               //检查安装组件是否成功
telnet-0.17-73.el8.x86_64
telnet-server-0.17-73.el8.x86_64
```

（3）在 Client1 客户端测试。

```
[root@Client1 ~]# telnet 192.168.10.1 25           //利用 telnet 命令连接邮件服务器的 25 端口
Trying 192.168.10.1...
Connected to 192.168.10.1.
Escape character is '^]'.
220 mail.long60.cn ESMTP postfix
helo long60.cn                                     //利用 helo 命令向邮件服务器表明身份，不是 hello
250 mail.long60.cn
mail from:"test"<user3@long60.cn>                  //设置邮件标题以及发件人地址。其中邮件标题
                                                   //为 "test"，发件人地址为 user3@long60.cn
250 2.1.0 Ok
rcpt to:user4@long60.cn                            //利用 rcpt to 命令输入收件人的邮件地址
250 2.1.5 Ok
data                                               //data 表示要求开始写邮件内容了。输入完 data 命令
                                                   //后，会提示以一个单行的 "." 结束邮件
```

354 End data with <CR><LF>.<CR><LF>
The first mail: user3 TO user4　　　　//邮件内容
.　　　　　　　　　　　　　　　　　　　//"."表示结束邮件内容。千万不要忘记输入"."
250 2.0.0 Ok: queued as 456EF25F

quit　　　　　　　　　　　　　　　//退出 telnet 命令
221 2.0.0 Bye
Connection closed by foreign host.

　　细心的读者一定已经注意到，每当输入命令后，服务器总会回应一个数字代码给用户。熟知这些代码的含义对于判断服务器的错误是很有帮助的。常见的邮件回应代码及其说明如表 10-4 所示。

表 10-4　常见的邮件回应代码及其说明

回应代码	说明
220	表示 SMTP 服务器开始提供服务
250	表示命令指定完毕，回应正确
354	可以开始输入邮件内容，并以"."结束
500	表示 SMTP 语法错误，无法执行命令
501	表示命令参数或引述的语法错误
502	表示不支持该命令

5. 利用 telnet 命令接收电子邮件

```
[root@Client1 ~]# telnet 192.168.10.1 110   //利用 telnet 命令连接邮件服务器 110 端口
Trying 192.168.10.1...
Connected to 192.168.10.1.
Escape character is '^]'.
+OK Dovecot ready.
user user4                    //利用 user 命令输入用户的用户名为 user4
+OK
pass 12345678                 //利用 pass 命令输入 user4 账户的密码为 12345678
+OK Logged in.
list                          //利用 list 命令获得 user4 账户邮箱中各邮件的编号
+OK 1 messages:
1 263
.
retr 1                        //利用 retr 命令收取邮件编号为 1 的邮件信息，下面各行为邮件信息
+OK 291 octets
Return-Path: <user3@long60.cn>
X-Original-To: user4@long60.cn
Delivered-To: user4@long60.cn
Received: from long60.cn (unknown [192.168.10.20])
    by mail.long60.cn (postfix) with SMTP id 235DC1485
    for <user4@long60.cn>; Sun, 21 Feb 2021 12:09:51 -0500 (EST)
.
```

```
quit                          //退出 telnet 命令
+OK Logging out.
Connection closed by foreign host.
```

telnet 命令格式及参数说明如表 10-5 所示。

表 10-5　telnet 命令格式及参数说明

命令	格式	详细功能
stat	stat 无需参数	stat 命令不带参数，对于此命令，POP3 服务器会响应一个正确应答，此响应为一个单行的信息提示，它以"+OK"开头，接着是两个数字，第一个是邮件数目，第二个是邮件的大小，如"+OK 4 1603"
list	list [n]　参数 n 可选，n 为邮件编号	list 命令的参数可选，该参数是一个数字，表示邮件在邮箱中的编号。可以利用不带参数的 list 命令获得各邮件的编号，并且每一封邮件均占用一行显示，前面的数为邮件的编号，后面的数为邮件的大小
uidl	uidl [n]　参数 n 可选，n 为邮件编号	uidl 命令与 list 命令用途差不多，只不过 uidl 命令显示邮件的信息比 list 命令的更详细、更具体
retr	retr n　参数 n 不可省略，n 为邮件编号	retr 命令是收邮件中最重要的一条命令，它的作用是查看邮件的内容，它必须带参数运行。该命令执行之后，服务器应答的信息比较长，其中包括发件人的电子邮箱地址、发件时间、邮件主题等，这些信息统称为邮件头，紧接在邮件头之后的信息便是邮件正文
dele	dele n　参数 n 不可省略，n 为邮件编号	dele 命令用来删除指定的邮件（注意：dele n 命令只是给邮件做删除标记，只有在执行 quit 命令之后，邮件才会真正删除）
top	top n m　参数 n、m 不可省略，n 为邮件编号，m 为行数	top 命令有两个参数，形如 top n m。其中 n 为邮件编号，m 是要读出邮件正文的行数，如果 m=0，则只读出邮件的邮件头部分
noop	noop 无需参数	noop 命令发出后，POP3 服务器不做任何事，仅返回一个正确响应"+OK"
quit	quit 无需参数	quit 命令发出后，telnet 断开与服务器的连接，系统进入更新状态

6. 用户邮件目录/var/spool/mail

可以在邮件服务器 Server01 上查看用户邮件，确保邮件服务器已经正常工作了。postfix 在/var/spool/mail 目录中为每个用户分别建立单独的文件用于存放每个用户的邮件，这些文件的名称和用户名是相同的。例如，邮件用户 user3@long60.cn 的文件是 user3。

```
[root@Server01 ~]# ls     /var/spool/mail
user3    user4    root
```

7. 邮件队列

邮件服务器配置成功后，就能够为用户提供电子邮件的发送服务了，但如果接收这些邮件的服务器出现问题，或者因为其他原因导致邮件无法安全地到达目的地，而发送的 SMTP 服务器又没有保存邮件，这封邮件就可能会"失踪"。无论是谁都不愿意看到这样的情况，所以 postfix 采用了邮件队列来保存这些发送不成功的邮件，而且，服务器会每隔一段时间重新发送这些邮件。通过 mailq 命令来查看邮件队列的内容。

```
[root@Server01 ~]# mailq
```

邮件队列的说明如下。

- Q-ID：表示此封邮件的编号（ID）。

- Size：表示邮件的大小。
- Q-Time：邮件进入/var/spool/mqueue 目录的时间，并且说明无法立即传送出去的原因。
- Sender/Recipient：发件人和收件人的邮件地址。

如果邮件队列中有大量的邮件，那么请检查邮件服务器是否设置不当，或者是否被当作了转发邮件服务器。

任务 10-4　使用 Cyrus-SASL 实现 SMTP 认证

无论是本地域内的不同用户，还是本地域与远程域的用户，要实现邮件通信都要求邮件服务器开启邮件的转发功能。为了避免邮件服务器成为各类广告与垃圾邮件的中转站和集结地，对转发邮件的客户端进行身份认证（用户名和密码验证）是非常必要的。postfix 邮件服务器使用 SMTP 认证。SMTP 认证，简单地说就是要求必须在提供了账户名和密码之后才可以登录 SMTP 服务器，这就使得那些垃圾邮件的散播者无可乘之机。SMTP 认证机制是通过 Cryus-SASL 包来实现的。

建立一个能够实现 SMTP 认证的服务器，邮件服务器和 DNS 服务器的 IP 地址是192.168.10.1，客户端 Client1 的 IP 地址是 192.168.10.20，系统用户是 user3 和 user4，DNS 服务器的配置沿用任务 10-3。其具体配置步骤如下。

1. 编辑认证配置文件

（1）安装 Cyrus-SASL 软件。

```
[root@Server01 ~]# dnf install cyrus-sasl -y
```

（2）查看、选择、启动和测试密码验证方式。

```
[root@Server01 ~]# saslauthd   -v                        //查看支持的密码验证方式
saslauthd 2.1.27
authentication mechanisms: getpwent kerberos5 pam rimap shadow ldap httpform
[root@Mail ~]# vim   /etc/sysconfig/saslauthd             //将密码验证机制修改为 shadow
……
MECH=shadow        //指定对用户及密码的验证方式，由 pam 改为 shadow，本地用户认证
……
[root@Server01 ~]# systemctl restart saslauthd           //重启认证服务
[root@Server01 ~]# ps aux | grep saslauthd               //查看 saslauthd 进程是否已经运行
root   5253  0.0  0.0 112664    972 pts/0   S+   16:15   0:00 grep --color=auto saslauthd
//开启 SELinux 允许 saslauthd 程序读取/etc/shadow 文件
[root@Server01 ~]# setsebool   -P   allow_saslauthd_read_shadow   on
[root@Server01 ~]# testsaslauthd   -u user3  -p  '12345678'    //测试 saslauthd 的认证功能
0:OK "Success."                                        //表示 saslauthd 的认证功能已起作用
```

（3）编辑 smtpd.conf 文件，使 Cyrus-SASL 支持 SMTP 认证。

```
[root@Server01 ~]# vim   /etc/sasl2/smtpd.conf
pwcheck_method: saslauthd
mech_list: plain   login
log_level: 3                           //记录 log 的模式
saslauthd_path:/run/saslauthd/mux      //设置 SMTP 寻找 Cyrus-SASL 的路径
```

2. 编辑 main.cf 文件，使 postfix 支持 SMTP 认证

（1）在默认情况下，postfix 并没有启用 SMTP 认证机制。要让 postfix 启用 SMTP 认证，

就必须在 main.cf 文件中添加如下配置（放文件最后）。

```
[root@Server01 ~]# vim    /etc/postfix/main.cf
smtpd_sasl_auth_enable = yes                        //启用 Cyrus-SASL 作为 SMTP 认证
smtpd_sasl_security_options = noanonymous           //禁止采用匿名登录方式
broken_sasl_auth_clients = yes                      //兼容早期非标准的 SMTP 认证(如 OE4.x)
smtpd_recipient_restrictions =    permit_sasl_authenticated, reject_unauth_destination
                                                    //允许 SMTP 认证的用户，拒绝没有认证的用户
```

最后一句设置基于收件人地址的过滤规则，允许通过 SMTP 认证的用户向外发送邮件，拒绝不是发往默认转发和默认接收的连接。

（2）重新载入 postfix 服务，使配置文件生效（防火墙、端口、SELinux 的设置同前文内容）。

```
[root@Server01 ~]# postfix check
[root@Server01 ~]# postfix    reload
[root@Server01 ~]# systemctl    restart    saslauthd
[root@Server01 ~]# systemctl    enable    saslauthd
```

3. 测试普通发信验证

```
[root@Client1 ~]# telnet mail.long60.cn 25
Trying 192.168.10.1...
Connected to mail.long60.cn.
Escape character is '^]'.
helo long60.cn
220 mail.long60.cn ESMTP postfix
250 mail.long60.cn
mail from:user3@long60.cn
250 2.1.0 Ok
rcpt to:68433059@qq.com
554 5.7.1 <68433059@qq.com>: Relay access denied    //未认证，所以拒绝访问，发送失败
```

4. 字符终端测试 postfix 的 SMTP 认证（使用域名来测试）

（1）由于前文采用的用户身份认证方式不是明文方式，所以首先要通过 printf 命令计算出用户名和密码的相应编码。

```
[root@Server01 ~]# printf "user3" | openssl base64
dXNlcjM=                                            //用户名 user3 的 Base64 编码
[root@Server01 ~]# printf "12345678" | openssl base64
MTIzNDU2Nzg=                                        //密码 12345678 的 Base64 编码
```

（2）字符终端测试认证发信。

```
[root@Client1 ~]# telnet 192.168.10.1 25
Trying 192.168.10.1...
Connected to 192.168.10.1.
Escape character is '^]'.
220 mail.long60.cn ESMTP postfix
ehlo localhost                                      //告知客户端地址
250-mail.long60.cn
250-PIPELINING
250-SIZE 10240000
```

```
250-VRFY
250-ETRN
250-AUTH PLAIN LOGIN
250-AUTH=PLAIN LOGIN
250-ENHANCEDSTATUSCODES
250-8BITMIME
250 DSN
auth login                              //声明开始进行 SMTP 认证登录
334 VXNlcm5hbWU6                        //"Username:"的 Base64 编码
dXNlcjM=                                //输入 user3 用户名对应的 Base64 编码
334 UGFzc3dvcmQ6
MTIzNDU2Nzg=                            //用户密码"12345678"的 Base64 编码，前后不要加空格
235 2.7.0 Authentication successful     //通过了身份认证
mail from:user3@long60.cn
250 2.1.0 Ok
rcpt to:68433059@qq.com
250 2.1.5 Ok
data
354 End data with <CR><LF>.<CR><LF>
This a test mail!
.
250 2.0.0 Ok: queued as 5D1F9911       //经过身份认证后的发信成功
quit
221 2.0.0 Bye
Connection closed by foreign host.
```

5. 在客户端启用认证支持

当服务器启用认证机制后，客户端也需要启用认证支持。以 Outlook 2010 为例，在图 10-5 所示的对话框中一定要勾选"我的发送服务器（SMTP）要求验证"复选框，否则，不能向其他域的用户发送邮件，而只能给本域内的其他用户发送邮件。

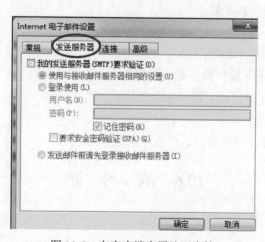

图 10-5　在客户端启用认证支持

10.4　拓展阅读：国家最高科学技术奖

国家最高科学技术奖于 2000 年由中华人民共和国国务院设立，由国家科学技术奖励工作办公室负责，是中国 5 个国家科学技术奖中最高等级的奖项，授予在当代科学技术前沿取得重大突破、在科学技术发展中有卓越建树，或者在科学技术创新、科学技术成果转化和高技术产业化中创造巨大社会效益或经济效益的科学技术工作者。

根据国家科学技术奖励工作办公室官网显示，国家最高科学技术奖每年评选一次，授予人数每次不超过两名，由国家主席亲自签署、颁发荣誉证书、奖章和奖金。截至 2024 年 4 月，共有 35 位杰出科学工作者获得"国家最高科学技术奖"。

10.5　项目实训：配置与管理电子邮件服务器

1．视频位置

实训前请扫描二维码观看"项目实录　配置与管理电子邮件服务器"慕课。

项目实录 配置与管理
电子邮件服务器

2．项目实训目的

● 能熟练完成企业邮件服务器的安装与配置。

● 能熟练测试邮件服务器。

3．项目背景

某企业需要构建自己的邮件服务器供员工使用，该企业已经申请了域名 long60.cn，要求企业内部员工的邮件地址为 username@long60.cn 格式。员工可以通过浏览器或者专门的客户端软件收发邮件。

假设邮件服务器的 IP 地址是 192.168.10.2，域名为 mail.long60.cn。请构建 POP3 和 SMTP服务器，为局域网中的用户提供电子邮件；邮件要能发送到互联网上，同时互联网上的用户也能把邮件发到企业内部用户的邮箱。

4．项目实训内容

（1）复习 DNS 在邮件中的使用。

（2）练习 Linux 系统下邮件服务器的配置方法。

（3）使用 telnet 进行邮件的发送和接收测试。

5．做一做

根据项目实录视频进行项目实训，检查学习效果。

10.6　练　习　题

一、填空题

1．电子邮件地址的格式是 user@RHEL6.com。一个完整的电子邮件由三部分组成，第一部分代表_____，第二部分是_____，第三部分是_____。

2．Linux 系统中的电子邮件系统包括 3 个组件：_____、_____和_____。

3．常用的与电子邮件相关的协议有_____、_____和_____。

4．SMTP 默认工作在 TCP 的_____端口，POP3 默认工作在 TCP 的_____端口。

二、选择题

1．用来将电子邮件下载到客户端的协议是（　　）。

　　A．SMTP　　　　　B．IMAP4　　　　C．POP3　　　　　D．MIME

2．利用 access 文件设置邮件中继需要转换 access.db 数据库，转换 access.db 数据库需要使用命令（　　）。

　　A．postmap　　　　B．m4　　　　　C．access　　　　D．macro

3．用来控制 postfix 邮件服务器邮件中继的文件是（　　）。

　　A．main.cf　　　　B．postfix.cf　　　C．postfix.conf　　D．access.db

4．邮件转发代理也称邮件转发服务器，邮件转发代理可以使用 SMTP，也可以使用（　　）。

　　A．FTP　　　　　B．TCP　　　　　C．UUCP　　　　D．POP

5．（　　）不是邮件系统的组成部分。

　　A．用户代理　　　　　　　　　B．代理服务器

　　C．传输代理　　　　　　　　　D．投递代理

6．在 Linux 下可用哪些 MTA 服务器？（　　）

　　A．postfix　　　　B．qmail　　　　C．IMAP　　　　D．sendmail

7．postfix 常用 MTA 软件有（　　）。

　　A．sendmail　　　　B．postfix　　　C．qmail　　　　D．exchange

8．postfix 的主配置文件是（　　）。

　　A．postfix.cf　　　　B．main.cf　　　C．access　　　　D．local-host-name

9．Access 数据库中的访问控制操作有（　　）。

　　A．OK　　　　　　　　　　　B．REJECT

　　C．DISCARD　　　　　　　　D．RELAY

10．默认的邮件别名数据库文件是（　　）。

　　A．/etc/names　　　　　　　　B．/etc/aliases

　　C．/etc/postfix/aliases　　　　D．/etc/hosts

三、简答题

1．简述电子邮件系统的构成。

2．简述电子邮件的传输过程。

3．电子邮件服务与 HTTP、FTP、NFS 等程序的服务模式的最大区别是什么？

4．电子邮件系统中 MUA、MTA、MDA 这 3 种服务角色的用途分别是什么？

5．能否让 dovecot 服务程序限制允许连接的主机范围？

6．如何定义用户别名邮箱以及让其立即生效？如何设置群发邮件？

四、实践习题

1. 实际操作任务 10-2 中的 postfix 应用案例。

2. 假设邮件服务器的 IP 地址为 192.168.10.3，域名为 mail.smile60.cn。请构建 POP3 和 SMTP 服务器，为局域网中的用户提供电子邮件；邮件要能发送到互联网上，同时互联网上的用户也能把邮件发到企业内部用户的邮箱。设置邮箱的最大容量为 100MB，收发邮件最大为 20MB，并提供反垃圾邮件功能。

第四篇　防火墙与代理服务器

千里之堤，溃于蚁穴。

——韩非子《韩非子·喻老》

项目 11　配置与管理防火墙

　　防火墙和 SELinux 是非常重要的网络安全工具，利用防火墙可以保护企业内部网络免受外网的威胁，作为网络管理员，掌握防火墙和 SELinux 的配置与管理非常重要。本项目重点介绍 firewalld 和 SELinux 的配置与管理。

- 了解防火墙的分类及工作原理。
- 掌握 firewalld 防火墙的配置。
- 了解 NAT。
- 掌握 SNAT 和 DNAT 的配置。

- 大学生应记住"龙芯""863""973""核高基"等国家重大项目，这是中国人的骄傲。
- "人无刚骨，安身不牢。"骨气是人的脊梁，是前行的支柱。新时代青年学生要有"富贵不能淫，贫贱不能移，威武不能屈"的气节，要有"自信人生二百年，会当水击三千里"的自信，还要有"我将无我，不负人民"的担当。

11.1　项目相关知识

11.1.1　防火墙概述

配置与管理防火墙和 SELinux

　　防火墙的本义是指一种防护建筑物，古代建造木质结构房屋时，为防止火灾发生和蔓延，人们在房屋周围将石块堆砌成石墙，这种防护建筑物就被称为"防火墙"。

　　通常所说的网络防火墙是套用了古代的防火墙的喻义，它指的是隔离在本地网络与外界网络之间的一道防御系统。防火墙可以使企业内部局域网与互联网之间或者与其他外部网络间互相隔离、限制网络互访，以此来保护内部网络。

　　防火墙的分类方法多种多样，不过从传统意义上讲，防火墙大致可以分为三大类，分别是"包过滤""应用代理"和"状态检测"，无论防火墙的功能多么强大，性能多么完善，归根结底都是在这 3 种技术的基础之上扩展功能的。

11.1.2　iptables 与 firewalld

　　早期的 Linux 系统采用 ipfwadm 作为防火墙，但其在 2.2.0 内核中被 ipchains 取代。

　　Linux 2.4 版本发布后，netfilter/iptables 信息包过滤系统正式使用。它引入了很多重要的改进，比如基于状态的功能，基于任何 TCP 标记和 MAC 地址的包过滤，更灵活的配置和记录功能，强大而且简单的 NAT 功能和透明代理功能等。然而，最重要的变化是引入了模块化的架构方式。这使得 iptables 运用和功能扩展更加方便灵活。

　　netfilter/iptables 数据包过滤系统实际是由 netfilter 和 iptables 两个组件构成的。netfilter 是集成在内核中的一部分，它的作用是定义、保存相应的规则；而 iptables 是一种工具，用以修改信息的过滤规则及其他配置。用户可以通过 iptables 来设置适合当前环境的规则，而这些规则会保存在内核空间中。如果将 netfilter/iptables 数据包过滤系统比作一辆功能完善的汽车，那么 netfilter 就像是发动机以及车轮等部件，它可以让车发动、行驶；而 iptables 则像方向盘、刹车、油门，它可以控制汽车行驶的方向、速度。

　　对于 Linux 服务器而言，采用 netfilter/iptables 数据包过滤系统，能够节约软件成本，并可以提供强大的数据包过滤控制功能，iptables 是理想的防火墙解决方案。

　　在 RHEL 8 系统中，firewalld 防火墙取代了 iptables 防火墙。现实而言，iptables 与 firewalld 都不是真正的防火墙，它们都只是用来定义防火墙策略的防火墙管理工具而已，或者说，它们只是一种服务。iptables 服务会把配置好的防火墙策略交由内核层面的 netfilter 网络过滤器来处理，而 firewalld 服务则是把配置好的防火墙策略交由内核层面的 nftables 包过滤框架来处理。换句话说，当前在 Linux 系统中其实存在多个防火墙管理工具，旨在方便运维人员管理 Linux 系统中的防火墙策略，我们只需要配置妥当其中的一个就足够了。虽然这些工具各有优劣，但它们在防火墙策略的配置思路上是保持一致的。

11.1.3　NAT 基础知识

　　网络地址转换器（Network Address Translator，NAT）位于使用专用地址的内部网和使用公用地址的互联网之间，主要具有以下几种功能。

　　（1）从内部网传出的数据包由 NAT 将它们的专用地址转换为公用地址。

　　（2）从互联网传入的数据包由 NAT 将它们的公用地址转换为专用地址。

　　（3）支持多重服务器和负载均衡。

　　（4）实现透明代理。

　　在内部网中计算机使用未注册的专用 IP 地址，而在与外部网络通信时，使用注册的公用 IP 地址，这大大降低了连接成本。同时，NAT 也起到将内部网络隐藏起来，保护内部网络的作用，因为对外部用户来说，只有使用公用 IP 地址的 NAT 是可见的，类似于防火墙的安全措施。

　　1. NAT 的工作过程

　　（1）客户机将数据包发给运行 NAT 的计算机。

　　（2）NAT 将数据包中的端口号和专用的 IP 地址转换成它自己的端口号和公用的 IP 地址，然后将数据包发给外部网络的目的主机，同时记录一个跟踪信息在映像表中，以便向客户机发送回答信息。

　　（3）外部网络发送回答信息给 NAT。

　　（4）NAT 将收到的数据包的端口号和公用 IP 地址转换为客户机的端口号和内部网络使用的专用 IP 地址并转发给客户机。

　　以上步骤对于网络内部的主机和网络外部的主机都是透明的，对它们而言，就如同直接通信一样。

NAT 的工作过程如图 11-1 所示。

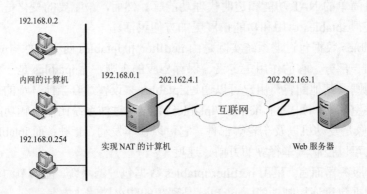

图 11-1　NAT 的工作过程

具体说明如下。

（1）192.168.0.2 用户使用 Web 浏览器连接到位于 202.202.163.1 的 Web 服务器，用户计算机将创建带有下列信息的 IP 数据包。

目标 IP 地址：202.202.163.1。

源 IP 地址：192.168.0.2。

目标端口：TCP 端口 80。

源端口：TCP 端口 1350。

（2）IP 数据包转发到实现 NAT 的计算机上，它将传出的数据包地址转换成下面的形式。

目标 IP 地址：202.202.163.1。

源 IP 地址：202.162.4.1。

目标端口：TCP 端口 80。

源端口：TCP 端口 2500。

（3）NAT 协议在转换表中保留了 {192.168.0.2，TCP 1350} 到 {202.162.4.1，TCP 2500} 的映射，以便回传。

（4）转发的 IP 数据包是通过互联网发送的。Web 服务器响应通过 NAT 协议发回和接收。当接收时，数据包包含下面的公用地址信息。

目标 IP 地址：202.162.4.1。

源 IP 地址：202.202.163.1。

目标端口：TCP 端口 2500。

源端口：TCP 端口 80。

（5）NAT 协议检查转换表，将公用地址映射到专用地址，并将数据包转发给位于 192.168.0.2 的计算机。转发的数据包包含以下地址信息。

目标 IP 地址：192.168.0.2。

源 IP 地址：202.202.163.1。

目标端口：TCP 端口 1350。

源端口：TCP 端口 80。

对于来自 NAT 协议的传出数据包，源 IP 地址（专用地址）被映射到 ISP 分配的地址（公用地址），并且 TCP/UDP 端口号也会被映射到不同的 TCP/UDP 端口号。

对于到 NAT 协议的传入数据包，目标 IP 地址（公用地址）被映射到源 IP 地址（专用地址），并且 TCP/UDP 端口号被重新映射回源 TCP/UDP 端口号。

2．NAT 的分类

（1）源 NAT（Source NAT，SNAT）。SNAT 是指修改第一个包的源 IP 地址。SNAT 会在包送出之前的最后一刻做好 Post-Routing 动作。Linux 中的 IP 伪装（MASQUERADE）就是 SNAT 的一种特殊形式。

（2）目的 NAT（Destination NAT，DNAT）。DNAT 是指修改第一个包的目的 IP 地址。DNAT 总是在包进入后立刻进行 Pre-Routing 动作。端口转发、负载均衡和透明代理均属于 DNAT。

11.2　项目设计及准备

11.2.1　项目设计

网络建立初期，人们只考虑如何实现通信而忽略了网络的安全，而防火墙可以使企业内部局域网与互联网之间或者与其他外部网络之间互相隔离、限制网络互访来保护内部网络。

大量拥有内部地址的机器组成了企业内部网，那么如何连接内部网与互联网？iptables、firewalld、NAT 服务器将是很好的选择，它们能够解决内部网访问互联网产生的问题并提供访问的优化和控制功能。

本项目在安装有企业版 Linux 网络操作系统的服务器 Server01 和 Server02 上配置防火墙和 NAT，项目配置拓扑图会在任务中详细说明。

11.2.2　项目准备

部署 firewalld 和 NAT 应满足下列需求。

（1）安装好企业版 Linux 网络操作系统，并且必须保证常用服务正常工作。客户端使用 Linux 或 Windows 网络操作系统。服务器和客户端能够通过网络进行通信。

（2）利用虚拟机设置网络环境。

（3）3 台安装好 RHEL 8 的计算机。

本项目要完成的任务如下。

（1）安装与配置 firewalld。

（2）配置 SNAT 和 DNAT。

配置与管理防火墙

11.3　项　目　实　施

任务 11-1　使用 firewalld 服务

firewalld 是 Linux 系统中用于管理防火墙的一个动态守护进程，它提供了对防火墙的配置和管理的支持，使用 zones 和 services 的概念来简化流量管理。firewalld 是在 Fedora 18 和 Red

Hat Enterprise Linux 7 之后引入的，并且现在是许多 Linux 发行版（包括 CentOS 8 和 Fedora）的标准防火墙管理工具。

它工作在网络层，可以决定哪些数据可以进入或离开计算机。firewalld 就像是一位守门员，它根据用户设置的规则来决定哪些网络请求可以通过。

在 firewalld 中，每个网络接口（如 Wi-Fi 或以太网接口）被分配到一个叫作"zone"的区域。每个 zone 有一套自己的规则，决定允许和阻止什么类型的流量。

例如，家庭 Wi-Fi 可能在一个叫作 home 的 zone，而公共 Wi-Fi 则可能在一个更严格的 public zone。用户可以根据不同网络的需求配置不同的 zones，比如允许来自家庭网络的所有请求，但限制或审查来自公共网络的某些请求。常见的预定义 zones 如表 11-1 所示。

表 11-1　常见的预定义 zones

zone 名称	功能描述
drop	最严格的区域，丢弃所有入站流量而不给出任何回应
block	拒绝所有入站连接请求，但允许出站和转发连接
public	用于公共场所，不信任其他的计算机，可能允许某些入站连接
external	用于外部网络接口，常用于配置 NAT
internal	用于内部网络，相对信任网络中的其他计算机
dmz	用于隔离的小型区域，允许有限的访问
work	工作区域，相对信任网络中的大多数计算机
home	家庭区域，信任家庭网络中的所有计算机
trusted	完全信任的区域，不阻止任何流量

详细说明如下：

- drop：通常用于非常敏感的环境，如服务器，特别是在防止 DDoS 攻击或其他未授权访问时。
- block：适用于要尽可能减少未授权访问的环境，但不如 drop 级别极端。
- public：适合在不完全信任其他设备的公共网络环境下使用，如咖啡店或图书馆。
- external：常见于家庭或企业网关，用于互联网连接的设备，尤其是当内部网络需要通过 NAT 访问外部网络时。
- internal：适用于更受信任的内部网络，例如企业内部或私有云环境。
- dmz：适用于需要从外部网络访问但又需要保持一定安全级别的服务，如邮件服务器、Web 服务器等。
- work：适合企业环境，其中大部分用户和设备都是可信的。
- home：适用于家用网络，通常信任连接到该网络的所有设备。
- trusted：在完全控制的环境中使用，或对所有连接到网络的设备完全信任时。

1. 使用终端管理工具

使用终端命令管理 firewalld 是一种强大且灵活的方式，允许用户精确地控制 Linux 系统的防火墙设置。firewall-cmd 是与 firewalld 交互的主要命令行工具。表 11-2 至表 11-6 是一些常用的 firewall-cmd 命令和操作。

表 11-2　查看和管理 firewalld 服务状态

操作	命令	描述
查看状态	firewall-cmd --state	查看 firewalld 是否在运行
启动服务	systemctl start firewalld	启动 firewalld 服务
停止服务	systemctl stop firewalld	停止 firewalld 服务
设置开机自启	systemctl enable firewalld	设置 firewalld 开机自启
禁止开机自启	systemctl disable firewalld	禁止 firewalld 开机自启

表 11-3　管理 Zones

操作	命令	描述
列出所有 Zones	firewall-cmd --list-all-zones	列出所有可用的 zones
查看活跃 Zones	firewall-cmd --get-active-zones	显示当前活跃的 zones
设置默认 Zone	firewall-cmd --set-default-zone=public	设置默认 zone
分配接口到 Zone	firewall-cmd --zone=public --change-interface=eth0	将 eth0 接口分配给 public zone

表 11-4　管理服务和端口

操作	命令	描述
启用服务	firewall-cmd --zone=public --add-service=http	在 public zone 临时开放 HTTP 服务
永久添加服务	firewall-cmd --zone=public --add-service=https --permanent	永久在 public zone 开放 HTTPS 服务
添加自定义端口	firewall-cmd --zone=public --add-port=5000/tcp	在 public zone 临时开放 TCP 端口 5000
永久添加端口	firewall-cmd --zone=public --add-port=5000/tcp --permanent	永久在 public zone 开放 TCP 端口 5000

表 11-5　重新加载规则

操作	命令	描述
重新加载	firewall-cmd --reload	重新加载 firewalld，应用所有暂存的更改

表 11-6　查看 firewalld 配置

操作	命令	描述
查看 Zone 配置	firewall-cmd --zone=public --list-all	显示 public zone 的所有配置和规则

　　为了帮助读者更好地理解如何在实际操作中应用 firewalld 的命令，我们将通过一系列具体的案例来展示每个命令的使用场景。这些案例将涵盖各种常见的网络安全需求，从基本的服务管理到复杂的防火墙规则配置，使读者能够根据具体需求灵活使用这些命令。

　　（1）查看 firewalld 是否在运行：

```
[root@Server01 ~]# firewall-cmd --state
```
确认 Linux 服务器的防火墙是否已经启动，以确保网络安全。

（2）启动 firewalld 服务：

```
[root@Server01 ~]# systemctl start firewalld
```
在进行系统维护后，需要重新启动 firewalld 服务来保持网络安全设置。

（3）停止 firewalld 服务：

```
[root@Server01 ~]# systemctl stop firewalld
```
为了进行一些不需要防火墙干预的网络测试，暂时停止了 firewalld 服务。

（4）设置 firewalld 开机自启：

```
[root@Server01 ~]# systemctl enable firewalld
```
如在新部署的服务器上，需要确保防火墙在每次启动时都能自动运行。

（5）禁止 firewalld 开机自启：

```
[root@Server01 ~]# systemctl disable firewalld
```
如出于特定的测试需求，需要在服务器启动时不自动启动防火墙。

（6）列出所有可用的 zones：

```
[root@Server01 ~]# firewall-cmd --list-all-zones
```
如作为系统管理员，你需要检查所有定义的防火墙区域，以便于审计和确认配置。

（7）查看活跃的 zones：

```
[root@Server01 ~]# firewall-cmd --get-active-zones
```
如果想看看当前哪些网络接口是活跃的，并且它们被分配到哪些防火墙区域。

（8）设置默认 zone：

```
[root@Server01 ~]# firewall-cmd --set-default-zone=public
```
为了提高服务器的安全性，将默认防火墙区域设置为 public。

（9）将接口分配给特定的 zone：

```
[root@Server01 ~]# firewall-cmd --zone=public --change-interface=ens160
```
若服务器有一个新的网络接口 ens160，需要将其加入到 public zone 以适用相应的安全策略。

（10）启用服务：

```
[root@Server01 ~]# firewall-cmd --zone=public --add-service=http
```
如服务器需要开放 HTTP 服务，以便外界可以访问你的网站。

（11）永久添加服务：

```
[root@Server01 ~]# firewall-cmd --zone=public --add-service=https --permanent
```
如为了确保服务器在重新启动后依然可以提供 HTTPS 服务，需要永久开放 HTTPS。

（12）添加自定义端口：

```
[root@Server01 ~]# firewall-cmd --zone=public --add-port=5000/tcp
```
如开发了一个应用程序，该应用运行在 TCP 端口 5000 上，需要临时开放此端口进行测试。

（13）永久添加端口：

```
[root@Server01 ~]# firewall-cmd --zone=public --add-port=5000/tcp --permanent
```
决定在生产环境中永久开放 TCP 端口 5000。

（14）重新加载 firewalld：

```
[root@Server01 ~]# firewall-cmd --reload
```
在更新了防火墙规则后，你需要重新加载 firewalld 以使更改立即生效，而无需重启服务。

2. 使用图形管理工具

firewall-config 是 firewalld 防火墙配置管理工具的 GUI（图形用户界面）版本，它允许系统管理员通过直观的界面来配置和管理 firewalld 防火墙，为管理员提供了一种更直观、更易用的方式来配置和管理 firewalld 防火墙。通过 firewall-config，管理员可以方便地添加、删除或修改防火墙规则，以及配置防火墙的各种参数和设置。

firewall-config 默认没有安装。

（1）安装 firewall-config。

```
[root@Server01 ~]# mount /dev/cdrom /media
[root@Server01 ~]# vim /etc/yum.repos.d/dvd.repo
[root@Server01 ~]# dnf install firewall-config -y
```

（2）启动图形界面的 firewalld 服务。安装完成后，计算机的"活动"菜单中就会出现防火墙图标，在终端中输入命令：firewall-config 或者单击"活动"→"防火墙"命令，打开图 11-2 所示的界面，其功能具体如下。

图 11-2   firewall-config 的界面

1）顶部菜单栏：
- 文件：允许用户打开、保存或修改防火墙配置文件。
- 编辑：可以编辑选定区域的属性或更改设置。
- 视图：更改窗口显示的配置和日志信息。
- 选项：包括设置默认区域和其他一般选项。
- 帮助：提供帮助信息和关于 firewall-config 的详细信息。

2）左侧栏目（区域）：
- 区域：列出了所有可用的防火墙区域。这些区域代表了不同的安全级别或者策略应用集合。在这个例子中，选中的区域是 public。
- 服务：显示了为选定区域启用的服务。服务是一组预定义的规则，用来允许网络通信中的特定类型。
- 端口：显示了为选定区域开放的特定端口和协议。
- 其他选项：例如，源地址、富文本规则等，这些选项用于更复杂的防火墙配置。

3）主窗口：
- 已选区域：在此例中，public 是被选中的区域。
- 描述和设置：描述了所选区域的目的和一些基本的规则或设置。这里也可以看到该区域的默认行为，例如是否接受、拒绝、或仅记录尝试通过该区域的通信。

4）服务列表：在主窗口中的右侧部分，你可以看到一个可滚动的列表，它展示了所有可用的服务。用户可以勾选或取消勾选服务，以允许或禁止某些类型的网络流量。每项服务都包含了一系列的端口和协议规则，例如 http 服务通常会开放 TCP 端口 80。

特别注意：在使用 firewall-config 工具配置完防火墙策略之后，无须进行二次确认，因为只要有修改内容，它就自动保存。下面进入动手实践环节。

假设想在 public 区域允许 SSH 服务，并且还要开放一个特定的端口，例如 TCP 端口 2222，用于某个特定的应用程序。下面是具体步骤。

（1）在左侧的区域列表中，选择 public 区域。在右侧的服务列表中找到 ssh 服务，勾选 ssh 服务旁边的复选框。这会允许 SSH 流量（通常是 TCP 端口 22）通过 public 区域，如图 11-3 所示。

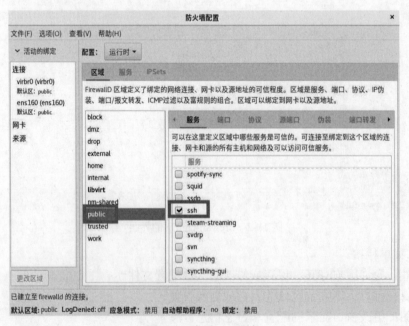

图 11-3　勾选 ssh 服务

（2）在右侧的界面中找到并切换到"端口"签页，点击 "添加"按钮以打开一个新窗口，如图 11-4 所示。

（3）在新窗口中，输入"2222"作为端口号，并从下拉菜单中选择"TCP"作为协议，单击"确定"来添加端口，如图 11-5 所示。

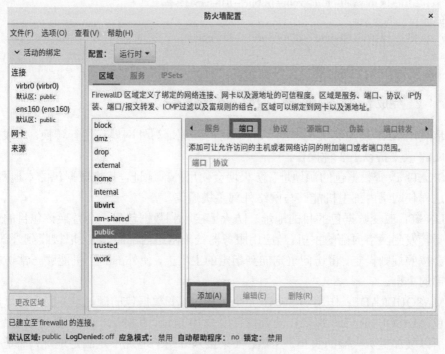

图 11-4　添加端口操作

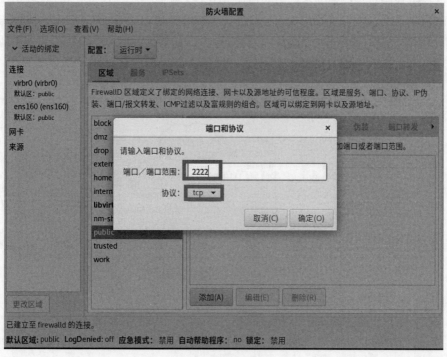

图 11-5　配置端口号

（4）验证：

```
[root@server01 ~]# firewall-cmd --zone=public --list-services
cockpit dhcpv6-client ssh
[root@server01 ~]# firewall-cmd --zone=public --list-ports
2222/tcp
```

显示 ssh 服务和 2222/tcp 端口已经被允许。

任务 11-2 完成 NAT（SNAT 和 DNAT）企业实战

防火墙利用 NAT 表能够实现 NAT 功能，将内网地址与外网地址进行转换，完成内、外网的通信。NAT 表支持以下 3 种操作。

- SNAT：改变数据包的源地址。防火墙会使用外部地址，替换数据包的本地网络地址。这样使网络内部主机能够与网络外部主机通信。
- DNAT：改变数据包的目的地址。防火墙接收到数据包后，会替换该包目的地址，重新转发到网络内部的主机。当应用服务器处于网络内部时，防火墙接收到外部的请求，会按照规则设定，将访问重定向到指定的主机上，使外部的主机能够正常访问网络内部的主机。
- MASQUERADE：作用与 SNAT 完全一样，改变数据包的源地址。因为对每个匹配的包，MASQUERADE 都要自动查找可用的 IP 地址，而 SNAT 用的 IP 地址是配置好的，所以会加重防火墙的负担。当然，如果接入外网的地址不是固定地址，而是 ISP 随机分配的，使用 MASQUERADE 将会非常方便。

下面以一个具体的综合案例来说明如何在 RHEL 上配置 NAT 服务，使得内、外网主机互访。

企业网络拓扑图如图 11-6 所示。内部主机使用 192.168.10.0/24 网段的 IP 地址，并且使用 Linux 主机作为服务器连接互联网，外网地址为固定地址 202.112.113.112。现需要满足如下要求。

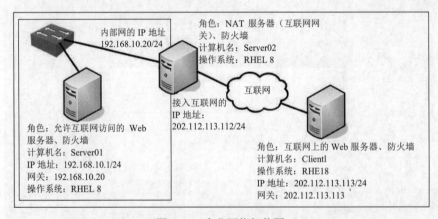

图 11-6 企业网络拓扑图

（1）配置 SNAT 保证内网用户能够正常访问互联网。

（2）配置 DNAT 保证外网用户能够正常访问内网的 Web 服务器。

Linux 服务器和客户端的信息如表 11-7 所示（可以使用虚拟机的克隆技术快速安装需要的 Linux 客户端）。

表 11-7   Linux 服务器和客户端的信息

主机名称	操作系统	IP 地址	角色
内网 NAT 客户端: Server01	RHEL 8	IP：192.168.10.1（VMnet1） 默认网关：192.168.10.20	Web 服务器、防火墙
防火墙：Server02	RHEL 8	IP1:192.168.10.20（VMnet1） IP2:202.112.113.112（VMnet8）	防火墙、SNAT、DNAT
外网 NAT 客户端：Client1	RHEL 8	202.112.113.113（VMnet8）	Web 服务器、防火墙

具体步骤如下。

1. 配置 SNAT 并测试

（1）在 Server02 上安装双网卡。

1）在 Server02 关机状态下，在虚拟机中添加两块网卡：第一块网卡连接到 VMnet1，第二块网卡连接到 VMnet8。

2）启动 Server02 计算机，以 root 用户身份登录计算机。

3）单击右上角的网络连接图标■，配置过程如图 11-7、图 11-8 所示（编者的计算机的第一块网卡是 ens160，第二块网卡被系统自动命名为了 ens224）。

图 11-7   ens224 的有线设置

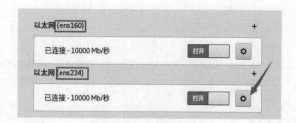

图 11-8   网络设置

4）单击齿轮按钮可以设置网络接口 ens224 的 IP 地址：202.112.113.112/24。

5）按照前述方法，设置 ens160 网卡的 IP 地址为 192.168.10.20/24。

在 Server02 上测试双网卡的 IP 设置是否成功。

```
[root@Server02 ~]# ifconfig
ens160: flags=4163<UP,BROADCAST,RUNNING,MULTICAST>    mtu 1500
        inet 192.168.10.20    netmask 255.255.255.0    broadcast 192.168.10.255
        ……………………………

ens224: flags=4163<UP,BROADCAST,RUNNING,MULTICAST>    mtu 1500
        inet 202.112.113.112    netmask 255.255.255.0    broadcast 202.112.113.255
        ……………………………
```

（2）测试环境。

1）根据图 11-6 和表 11-7 配置 Server01 和 Client1 的 IP 地址、子网掩码、网关等信息。
Server02 要安装双网卡，同时一定要注意计算机的网络连接方式。

注意：Client1 的网关不要设置，或者设置成为自身的 IP 地址（202.112.113.113）。

2）在 Server01 上，测试与 Server02 和 Client1 的连通性。

```
[root@Server01 ~]# ping 192.168.10.20    -c  4          //通
[root@Server01 ~]# ping 202.112.113.112 -c  4          //通
[root@Server01 ~]# ping 202.112.113.113 -c  4          //不通
```

3）在 Server02 上，测试与 Server01 和 Client1 的连通性，都是畅通的。

```
[root@Server02 ~]# ping -c 4 192.168.10.1
[root@Server02 ~]# ping -c 4 202.112.113.113
```

4）在 Client1 上，测试与 Server01 和 Server02 的连通性。Client1 与 Server01 是不通的。

```
[root@Client1 ~]# ping -c 4 202.112.113.112          //通
[root@Client1 ~]# ping -c 4 192.168.10.1             //不通
connect: 网络不可达
```

（3）在 Server02 上开启转发功能。

```
[root@Server02 ~]# echo 1 > /proc/sys/net/ipv4/ip_forward
 [root@client1 ~]# cat /proc/sys/net/ipv4/ip_forward
1                          //确认开启路由存储转发，其值为 1。若没开启，需要下面的操作。
```

（4）在 Server02 上将接口 ens224 加入外部网络区域（external）。由于内网的计算机无法
在外网上路由，所以内部网络的计算机 Server01 是无法上网的。因此，需要通过 NAT 将内网
计算机的 IP 地址转换成 RHEL 主机 ens224 接口的 IP 地址。为了实现这个功能，首先需要将
接口 ens224 加入外部网络区域。在防火墙中，外部网络区域定义为一个直接与外部网络相连
接的区域，来自此区域中的主机连接将不被信任。

```
[root@Server02 ~]# firewall-cmd --get-zone-of-interface=ens224
public
[root@Server02 ~]# firewall-cmd --permanent --zone=external --change-interface=ens224
The interface is under control of NetworkManager, setting zone to 'external'.
success
[root@Server02 ~]# firewall-cmd --zone=external --list-all
external (active)
  target: default
  icmp-block-inversion: no
  interfaces: ens224
  sources:
  services: ssh
  ports:
  protocols:
  masquerade: no
  .........................
```

（5）由于需要 NAT 上网，所以在 Server02 上将外部网络区域的伪装打开。

```
[root@Server02 ~]# firewall-cmd --permanent --zone=external --add-masquerade
[root@Server02 ~]# firewall-cmd --reload
success
[root@Server02 ~]# firewall-cmd --permanent --zone=external --query-masquerade
```

```
yes                              #查询伪装是否打开，使用下面命令也可以。
[root@Server02 ~]# firewall-cmd --zone=external --list-all
external (active)
  …………
  interfaces: ens224
  …………
  masquerade: yes
  ………………
```

（6）在 Server02 上配置内部接口 ens160。

具体做法是将内部接口加入内部区域 internal 中。

```
[root@Server02 ~]# firewall-cmd --get-zone-of-interface=ens160
public
[root@Server02 ~]# firewall-cmd --permanent --zone=internal --change-interface=ens160
The interface is under control of NetworkManager, setting zone to 'internal'.
success
[root@Server02 ~]# firewall-cmd --reload
[root@Server02 ~]# firewall-cmd --zone=internal --list-all
internal (active)
  target: default
  icmp-block-inversion: no
  interfaces: ens160
  ………………
```

（7）在外网 Client1 上配置供测试用的 Web。

```
[root@client2 ~]# mount /dev/cdrom    /media
[root@client2 ~]# dnf clean all
[root@client2 ~]# dnf install httpd -y
[root@client2 ~]# firewall-cmd --permanent --add-service=http
[root@client2 ~]# firewall-cmd --reload
[root@client2 ~]# firewall-cmd –list-all
[root@client2 ~]# systemctl restart httpd
[root@client2 ~]# netstat -an |grep :80              //查看 80 端口是否开放
[root@client2 ~]# firefox 127.0.0.1
```

（8）在内网 Server01 上测试 SNAT 配置是否成功。

```
[root@Server01 ~]# ping 202.112.113.113 -c 4
[root@Server01 ~]# firefox    202.112.113.113
```

网络应该是畅通的，且能访问到外网的默认网站。

思考：请读者在 Client1 上查看/var/log/httpd/access_log 中是否包含源地址 192.168.10.1，为什么？包含 202.112.113.112 吗？

```
[root@Client1 ~]# cat /var/log/httpd/access_log |grep 192.168.10.1
[root@Client1 ~]# cat /var/log/httpd/access_log |grep 202.112.113.112
```

2. 配置 DNAT 并测试

（1）在 Server01 上配置内网 Web 及防火墙。

```
[root@Server01 ~]# mount /dev/cdrom /media
[root@Server01 ~]# dnf clean all
[root@Server01 ~]# dnf install httpd -y
```

```
[root@Server01 ~]# systemctl restart httpd
[root@Server01 ~]# netstat -an |grep :80                    //查看 80 端口是否开放
[root@Server01 ~]# firefox 127.0.0.1
```

（2）在 Server02 上配置 DNAT。要想让外网能访问到内网的 Web 服务器，需要进行端口映射，将外网（external 区域）的 Web 访问映射到内网 Server01 的 80 端口。

```
#外部网络区域的 80 端口的请求都转发到 192.168.10.1。加了 "--permanent" 需要重启防火墙才能生效
[root@Server02 ~]# firewall-cmd --permanent --zone=external --add-forward-port=port=80:proto=tcp:
toaddr=192.168.10.1
success
[root@Server02 ~]# firewall-cmd --reload
# 查询端口映射结果
[root@Server02 ~]# firewall-cmd --zone=external --query-forward-port=port=80:proto=tcp:toaddr=
192.168.10.1
yes
[root@Server02 ~]# firewall-cmd --zone=external --list-all        #查询端口映射结果
external (active)
························
  masquerade: yes
  forward-ports: port=80:proto=tcp:toport=:toaddr=192.168.10.1
················
```

（3）在外网 Client1 上测试。在外网上访问的是 202.112.113.112，NAT 服务器 Server02 会将该 IP 地址的 80 端口的请求转发到内网 Server01 的 80 端口，如图 11-9 所示。注意，不是直接访问 192.168.10.1。直接访问内网地址是访问不到的。

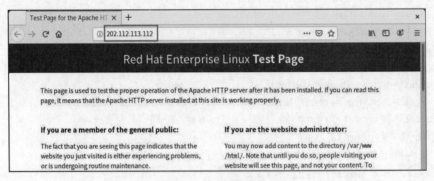

图 11-9　测试成功

```
[root@client2 ~]# ping 192.168.10.1
connect: 网络不可达
[root@client2 ~]# firefox 202.112.113.112
```

3. 实训结束后删除 Server02 上的 SNAT 和 DNAT 信息

```
[root@Server02 ~]# firewall-cmd --permanent --zone=external --remove-forward-port=port=80:proto=
tcp:toaddr=192.168.10.1
[root@Server02 ~]# firewall-cmd --permanent --zone=public --change-interface=ens224
[root@Server02 ~]# firewall-cmd --permanent --zone=public --change-interface=ens160
[root@Server02 ~]# firewall-cmd --reload
```

11.4　拓展阅读：中国的"龙芯"

你知道"龙芯"吗？你知道"龙芯"的应用水平吗？

"龙芯"是我国最早研制的高性能通用处理器系列，于 2001 年在中国科学院计算所开始研发，得到了"863""973""核高基"等项目的大力支持，完成了多年的核心技术积累。2010年，中国科学院和北京市政府共同牵头出资，龙芯中科技术有限公（简称龙芯中科）司正式成立，开始市场化运作，旨在将龙芯处理器的研发成果产业化。

龙芯中科研制的处理器产品包括龙芯 1 号、龙芯 2 号、龙芯 3 号三大系列。为了将国家重大创新成果产业化，龙芯中科努力探索，在国防、教育、工业、物联网等行业取得了重大市场突破，龙芯产品达到了良好的应用效果。

11.5　项目实训：配置与管理防火墙

1. 视频位置

实训前请扫描二维码观看"项目实录　配置与管理防火墙"慕课。

2. 项目背景

假如某企业需要接入互联网，由 ISP 分配 IP 地址 202.112.113.112。采用防火墙作为 NAT 服务器接入网络，内部采用 192.168.1.0/24，外部采用 202.112.113.112。为确保安全，需要配置防火墙功能，要求内部仅能够访问

项目实录 配置与
管理防火墙

Web、DNS 及 Mail 这 3 台服务器；内部 Web 服务器 192.168.1.2 通过端口映射方式对外提供服务。配置防火墙网络拓扑图如图 11-10 所示。

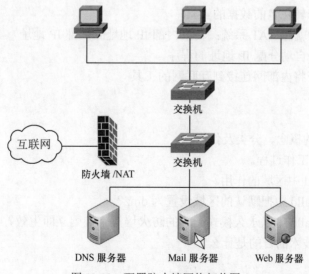

图 11-10　配置防火墙网络拓扑图

3．深度思考

在观看视频时思考以下几个问题。

（1）为何要设置两块网卡的 IP 地址？如何设置网卡的默认网关？

（2）如何接受或拒绝 TCP、UDP 的某些端口？

（3）如何屏蔽 ping 命令？如何屏蔽扫描信息？

（4）如何使用 SNAT 来实现内网访问互联网？如何实现 DNAT？

（5）在客户端如何设置 DNS 服务器地址？

4．做一做

根据项目实录进行项目实训，检查学习效果。

11.6 练 习 题

一、填空题

1．_____可以使企业内部局域网与互联网之间或者与其他外部网络间互相隔离、限制网络互访，以此来保护_____。

2．防火墙大致可以分为三大类，分别是_____、_____和_____。

3．_____表仅用于网络地址转换，其具体的动作有_____、_____以及_____。

4．NAT 位于使用专用地址的_____和使用公用地址的_____之间。

二、选择题

1．在 RHEL 8 的内核中，提供 TCP/IP 包过滤功能的服务叫什么？（　　）

A．firewall　　　　B．iptables　　　　C．firewalld　　　　D．filter

2．下列选项中，关于 IP 伪装的适当描述正确的是（　　）。

A．它是一个转化包的数据的工具

B．它的功能就像 NAT 系统：转换内部 IP 地址到外部 IP 地址

C．它是一个自动分配 IP 地址的程序

D．它是一个将内部网连接到互联网的工具

三、简答题

1．简述防火墙的概念、分类及作用。

2．简述 NAT 的工作过程。

3．简述 firewalld 中区域的作用。

4．如何在 firewalld 中把默认的区域设置为 dmz？

5．如何让 firewalld 中以永久模式配置的防火墙策略规则立即生效？

6．使用 SNAT 技术的目的是什么？

项目 12　配置与管理代理服务器

代理服务器（proxy server）等同于内网与互联网的桥梁。本项目重点介绍 squid 代理服务器的配置。

12.1　项目相关知识

代理服务器等同于内网与互联网的桥梁。普通的互联网访问是一个典型的客户机与服务器结构：用户利用计算机上的客户端程序（如浏览器）发出请求，远端 Web 服务器程序响应请求并提供相应的数据。而代理服务器处于客户机与服务器之间，对于服务器来说，代理服务器是客户机，代理服务器提出请求，服务器响应；对于客户机来说，代理服务器是服务器，它接收

配置与管理代理服务器

客户机的请求,并将服务器上传来的数据转给客户机。它的作用如同现实生活中的代理服务商。

12.1.1　代理服务器的工作原理

当客户端在浏览器中设置好代理服务器后，所有使用浏览器访问互联网站点的请求都不会直接发给目的主机，而是首先发送至代理服务器，代理服务器接收到客户端的请求以后，向目的主机发出请求，并接收目的主机返回的数据，存放在自身硬盘中，再将客户端请求的数据转发给客户端。代理服务器工作原理如图 12-1 所示。

①当客户端 A 对 Web 服务器端提出请求时，此请求会首先发送到代理服务器。

②代理服务器接收到客户端请求后，会检查缓存中是否存有客户端所需要的数据。

③如果代理服务器没有客户端 A 所请求的数据，它将会向 Web 服务器提交请求。

④Web 服务器响应请求的数据。

⑤代理服务器从 Web 服务器获取数据后，会将数据保存至本地的缓存，以备以后查询使用。

⑥代理服务器向客户端 A 转发 Web 服务器的数据。

⑦客户端 B 访问 Web 服务器，向代理服务器发出请求。

⑧代理服务器查找缓存记录，确认已经存在 Web 服务器的相关数据。

⑨代理服务器直接回应查询的信息，而不需要再去服务器进行查询，从而达到节约网络流量和提高访问速度的目的。

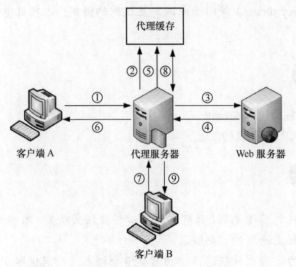

图 12-1　代理服务器工作原理

12.1.2　代理服务器的作用

（1）提高访问速度。因为客户要求的数据存于代理服务器的硬盘中，所以下次这个客户或其他客户再要求相同目的站点的数据时，就会直接从代理服务器的硬盘中读取，代理服务器起到了缓存的作用。热门站点有很多客户访问时，代理服务器的优势更为明显。

（2）用户访问限制。因为所有使用代理服务器的用户都必须通过代理服务器访问远程站点，所以在代理服务器上就可以设置相应的限制，以过滤或屏蔽掉某些信息。这是局域网网管对局域网用户访问范围进行限制最常用的办法，也是局域网用户为什么不能浏览某些网站的原因。拨号用户如果使用代理服务器，同样必须服从代理服务器的访问限制。

（3）安全性得到提高。无论是上聊天室还是浏览网站，目的网站只能知道使用的代理服务器的相关信息，而客户端真实 IP 就无法测知，这就使得使用者的安全性得以提高。

12.2　项目设计与准备

如何连接内网与互联网？代理服务器将是很好的选择，它能够解决内网访问互联网的问题并提供访问的优化和控制功能。

本项目在装有企业版 Linux 网络操作系统的服务器上安装 squid 代理服务器。

部署 squid 代理服务器应满足下列需求。

（1）安装好企业版 Linux 网络操作系统，并且必须保证常用服务正常工作。客户端使用 Linux 或 Windows 网络操作系统。服务器和客户端能够通过网络进行通信。

（2）或者利用虚拟机设置网络环境。如果模拟互联网的真实情况，则需要 3 台虚拟机。
Linux 服务器和客户端配置信息如表 12-1 所示。

表 12-1　Linux 服务器和客户端配置信息

主机名	操作系统	IP 地址	角色
内网服务器：Server01	RHEL 8	192.168.10.1（VMnet1）	Web 服务器、firewalld
Squid 代理服务器：Server02	RHEL 8	IP 地址 1：192.168.10.20（VMnet1） IP 地址 2：202.112.113.112（VMnet8）	firewalld、squid
外网 Linux 客户端：Client1	RHEL 8	202.112.113.113（VMnet8）	Web 服务器、firewalld

12.3　项 目 实 施

任务 12-1　安装、启动、停止与随系统启动 squid 服务

对于 Web 用户来说，squid 是一个高性能的代理服务器，可以加快内网浏览互联网的速度，
提高客户端的访问命中率。squid 不仅支持 HTTP，还支持 FTP、gopher、
安全套接字层（Secure Socket Layer，SSL）和广域信息服务（Wide Area
Information Service，WAIS）等协议。和一般的代理服务器不同，squid 用
一个单独的、非模块化的 I/O 驱动的进程来处理所有的客户端请求。

配置与管理代理服务器

1. squid 软件包与常用配置项
（1）squid 软件包。
● 软件包名：squid。
● 服务名：squid。
● 主程序：/usr/sbin/squid。
● 配置目录：/etc/squid/。
● 主配置文件：/etc/squid/squid.conf。
● 默认监听端口：TCP 3128。
● 默认访问日志文件：/var/log/squid/access.log。
（2）常用配置项。
● http_port 3128。
● access_log /var/log/squid/access.log。
● visible_hostname proxy.example.com。
2. 安装、启动、停止 squid 服务（在 Server02 上安装）

```
[root@Server02 ~]# rpm -qa |grep squid
[root@Server02 ~]# mount /dev/cdrom /media
[root@Server02 ~]# dnf clean all                      #安装前先清除缓存
[root@Server02 ~]# dnf install squid -y
[root@Server02 ~]# systemctl start squid              #启动 squid 服务
[root@Server02 ~]# systemctl enable squid             #开机自动启动
```

任务 12-2　配置 squid 服务器

squid 服务的主配置文件是/etc/squid/squid.conf，用户可以根据自己的实际情况修改相应的选项。

1. 几个常用的参数

与之前配置的服务程序大致类似，squid 服务程序的配置文件也存放在/etc 目录下一个以服务名称命名的目录中。表 12-2 所示为常用的 squid 服务程序配置参数及其作用。

表 12-2　常用的 squid 服务程序配置参数及其作用

参数	作用
http_port 3128	设置监听的端口为 3128
cache_mem 64M	设置内存缓冲区的大小为 64MB
cache_dir ufs /var/spool/squid 2000 16 256	设置硬盘缓存大小为 2000MB，缓存目录为/var/spool/squid，一级子目录 16 个，二级子目录 256 个
cache_effective_user squid	设置缓存的有效用户
cache_effective_group squid	设置缓存的有效用户组
dns_nameservers [IP 地址]	一般不设置，而是用服务器默认的 DNS 地址
cache_access_log /var/log/squid/access.log	访问日志文件的保存路径
cache_log /var/log/squid/cache.log	缓存日志文件的保存路径
visible_hostname www.smile60.cn	设置 squid 服务器的名称

2. 设置 ACL

squid 代理服务器是 Web 客户端与 Web 服务器之间的中介，它能实现访问控制，决定哪一台计算机可以访问 Web 服务器以及如何访问。squid 服务器通过检查具有控制信息的主机和域的访问控制列表（Access Control List，ACL）来决定是否允许某计算机访问。ACL 是控制客户的主机和域的列表。使用 acl 命令可以定义 ACL，该命令可在控制项中创建标签。用户可以使用 http_access 等命令定义这些控制功能，可以基于多种 acl 选项（如源 IP 地址、域名、时间和日期等）来使用 acl 命令定义系统或者系统组。

（1）acl 命令。acl 命令的格式如下。

acl 列表名称　列表类型　**[-i]** 列表值

其中，列表名称用于区分 squid 的各个 ACL，任何两个 ACL 都不能用相同的列表名称。一般来说，为了便于区分列表的含义，应尽量使用意义明确的列表名称。

列表类型用于定义可被 squid 识别的类型，如 IP 地址、主机名、域名、日期和时间等类型。ACL 列表类型及说明如表 12-3 所示。

表 12-3　ACL 列表类型及说明

ACL 列表类型	说明
src　ip-address/netmask	客户端源 IP 地址和子网掩码
src　addr1-addr4/netmask	客户端源 IP 地址范围和子网掩码

ACL 列表类型	说明
dst　ip-address/netmask	客户端目标 IP 地址和子网掩码
myip　ip-address/netmask	本地套接字 IP 地址
srcdomain domain	源域名（客户端所属的域）
dstdomain　domain	目的域名（互联网中的服务器所属的域）
srcdom_regex　expression	对源 URL 进行正则表达式匹配
dstdom_regex　expression	对目的 URL 进行正则表达式匹配
time	指定时间。用法：acl aclname time [day-abbrevs] [h1:m1-h2:m2]。 其中，day-abbrevs 可以为 S(Sunday)、M(Monday)、T(Tuesday)、W(Wednesday)、H(Thursday)、F(Friday)、A(Saturday)。 注意，h1:m1 一定要比 h2:m2 小
port	指定连接端口，如 acl SSL_ports port 443
proto	指定使用的通信协议，如 acl allowprotolist proto HTTP
url_regex	设置 URL 规则匹配表达式
urlpath_regex:URL-path	设置略去协议和主机名的 URL 规则匹配表达式

更多的 ACL 列表类型可以查看 squid.conf 文件。

（2）http_access 命令。http_access 命令用于设置允许或拒绝某个 ACL 的访问请求，格式如下。

```
http_access   [allow|deny]   ACL 的名称
```

squid 服务器在定义 ACL 后，会根据 http_access 的规则允许或禁止满足一定条件的客户端的访问请求。

【例 12-1】拒绝所有客户端的请求。

```
acl   all   src   0.0.0.0/0.0.0.0
http_access deny   all
```

【例 12-2】禁止 IP 地址为 192.168.1.0/24 的用户上网。

```
acl   client1   src   192.168.1.0/255.255.255.0
http_access   deny   client1
```

【例 12-3】禁止用户访问域名为 www.***.com 的网站。

```
acl   baddomain   dstdomain   www.***.com
http_access   deny   baddomain
```

【例 12-4】禁止 IP 地址为 192.168.1.0/24 的用户在周一到周五的 9:00—18:00 上网。

```
acl   client1   src   192.168.1.0/255.255.255.0
acl   badtime   time   MTWHF   9:00-18:00
http_access deny   client1   badtime
```

【例 12-5】禁止用户下载*.mp3、*.exe、*.zip 和*.rar 类型的文件。

```
acl   badfile   urlpath_regex   -i   \.mp3$   \.exe$   \.zip$   \.rar$
http_access   deny   badfile
```

【例 12-6】屏蔽 www.***.gov 站点。

```
acl   badsite   dstdomain   -i   www.***.gov
```

```
http_access   deny   badsite
```

-i 表示忽略字母大小写，默认情况下 squid 是区分大小写的。

【例 12-7】屏蔽所有包含"sex"的 URL 路径。

```
acl sex  url_regex  -i  sex
http_access  deny  sex
```

【例 12-8】禁止访问 22、23、25、53、110、119 这些危险端口。

```
acl  dangerous_port  port  22  23  25  53  110  119
http_access  deny  dangerous_port
```

如果不确定哪些端口具有危险性，则也可以采取更为保守的方法，那就是只允许访问安全的端口。

默认的 squid.conf 包含下面的安全端口 ACL。

```
acl  safe_port1    port  80                #http
acl  safe_port2    port  21                #ftp
acl  safe_port3    port  443 563           #https,snews
acl  safe_port4    port  70                #gopher
acl  safe_port5    port  210               #wais
acl  safe_port6    port  1025-65535        #unregistered  ports
acl  safe_port7    port  280               #http-mgmt
acl  safe_port8    port  488               #gss-http
acl  safe_port9    port  591               #filemaker
acl  safe_port10   port  777               #multiling  http
acl  safe_port11   port  210               #waisp
http_access  deny  !safe_port1
http_access  deny  !safe_port2
      ……
http_access  deny  !safe_port11
```

http_access   deny   !safe_port1 表示拒绝所有非 safe_ports 列表中的端口。这样设置后，系统的安全性得到了进一步保障。其中"!"表示取反。

注意：由于 squid 是按照顺序读取 ACL 的，所以合理安排各个 ACL 的顺序至关重要。

12.4　企业实战与应用

利用 squid 和 NAT 功能可以实现透明代理。透明代理是指客户端不需要知道代理服务器的存在，客户端也不需要在浏览器或其他的客户端中做任何设置，只需要将默认网关设置为 Linux 服务器的 IP 地址即可（内网 IP 地址）。

12.4.1　企业环境和需求

透明代理服务的典型应用环境如图 12-2 所示。

企业需求如下。

（1）客户端在设置代理服务器地址和端口的情况下能够访问互联网上的 Web 服务器。

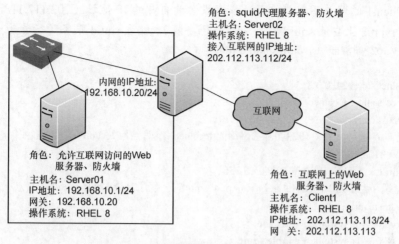

角色：squid代理服务器、防火墙
主机名：Server02
操作系统：RHEL 8
接入互联网的IP地址：
202.112.113.112/24

内网的IP地址：
192.168.10.20/24

互联网

角色：允许互联网访问的Web
服务器、防火墙
主机名：Server01
IP地址：192.168.10.1/24
网关：192.168.10.20
操作系统：RHEL 8

角色：互联网上的Web
服务器、防火墙
主机名：Client1
操作系统：RHEL 8
IP地址：202.112.113.113/24
网 关：202.112.113.113

图 12-2　透明代理服务的典型应用环境

（2）客户端不需要设置代理服务器地址和端口就能够访问互联网上的 Web 服务器，即透明代理。

（3）为 Server02 配置代理服务，内存为 2GB，硬盘为 SCSI 硬盘，容量为 200GB，硬盘缓存为 10GB，要求所有客户端都可以上网。

12.4.2　手动设置代理服务器解决方案

1. 部署环境

（1）在 Server02 上安装双网卡，具体方法参见项目 8 相关内容。编者的计算机的第一块网卡是 ens160，第二块网卡被系统自动命名为 ens224。

（2）配置 IP 地址、网关等信息。本实训由 3 台 Linux 虚拟机组成，请按要求进行 IP 地址、网关等信息的设置：一台是 squid 代理服务器（Server02），安装有双网卡（IP 地址 1 为 192.168.10.20/24，网络连接方式为 VMnet1；IP 地址 2 为 202.112.113.112/24，网络连接方式为 VMnet8）；一台是安装 Linux 操作系统的 squid 客户端（Server01，IP 地址为 192.168.10.1/24，网关为 192.168.10.20，网络连接方式为 VMnet1）；还有一台是互联网上的 Web 服务器（Client1），也安装了 Linux（IP 地址为 202.112.113.113，网络连接方式为 VMnet8）。

请读者注意各网卡的网络连接方式是 VMnet1 还是 VMnet8。各网卡的 IP 地址信息可以使用 11.3 节介绍的方法永久设置，后面的实训也会沿用。

```
[root@Client1 ~]# mount /dev/cdrom   /media          #挂载安装光盘
[root@Client1 ~]# dnf clean all
[root@Client1 ~]# dnf install httpd -y               #安装 httpd 服务
[root@Client1 ~]# systemctl start httpd
[root@Client1 ~]# systemctl enable httpd
[root@Client1 ~]# systemctl start firewalld
[root@Client1 ~]# firewalld-cmd --permanent --add-service=http   #让防火墙放行 httpd 服务
[root@Client1 ~]# firewalld-cmd --reload
[root@Client1 ~]# firefox 202.112.113.113            #测试 Web 服务器配置是否成功
```

注意：Client1 的网关不需要设置，或者设置为自身的 IP 地址（202.112.113.113）。

2. 在 Server02 上安装 squid 服务（前面已安装），配置 squid 服务（行号为大致位置）

```
[root@Server02 ~]# vim /etc/squid/squid.conf
......
55 acl localnet src 192.0.0.0/8
56 http_access allow localnet
57 http_access deny all
#上面 3 行的意思是，定义 192.0.0.0 的网络为 localnet，允许访问 localnet，其他都被拒绝
64 http_port 3128
67 cache_dir ufs /var/spool/squid 10240 16 256
#设置硬盘缓存大小为 10GB，目录为/var/spool/squid，一级子目录 16 个，二级子目录 256 个
68 visible_hostname Server02
[root@Server02 ~]# systemctl start squid
[root@Server02 ~]# systemctl enable squid
```

3. 在 Linux 客户端 Client01 上测试代理设置是否成功

（1）打开 Firefox 浏览器，配置代理服务器。在浏览器中按 Alt 键调出菜单，单击"编辑"→"首选项"→"高级"→"网络"→"设置"命令，打开"连接设置"对话框，选中"手动代理配置"单选按钮，将 HTTP 代理地址设为"192.168.10.20"，端口设为"3128"，同时勾选"为所有协议使用相同代理服务器"复选框，如图 12-3 所示。设置完成后单击"确定"按钮退出。

（2）在浏览器地址栏中输入 http://202.112.113.113，按 Enter 键，出现图 12-4 所示的不能正常连接界面。

4. 排除故障

（1）解决方案：在 Server02 上设置防火墙，当然也可以停用全部防火墙。

```
[root@Server02 ~]# firewalld-cmd --permanent --add-service=squid
[root@Server02 ~]# firewalld-cmd --permanent --add-port=80/tcp
[root@Server02 ~]# firewalld-cmd --reload
[root@Server02 ~]# netstat -an |grep :3128                    #3128 端口正常监听
tcp6        0        0 :::3128                  :::*              LISTEN
```

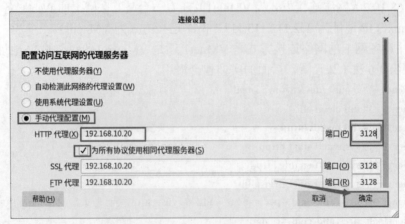

图 12-3　在 Firefox 中配置代理服务器

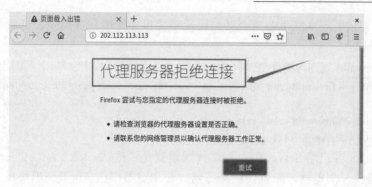

图 12-4 不能正常连接界面

（2）在 Server01 的浏览器地址栏中输入 http://202.112.113.113，按 Enter 键，出现图 12-5 所示的成功浏览界面。

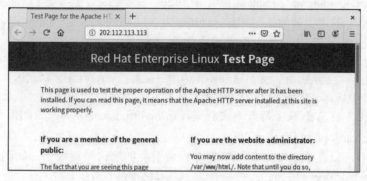

图 12-5 成功浏览界面

特别提示： 设置服务器一要考虑 firewalld 防火墙，二要考虑管理布尔值（SELinux）。

5．在 Linux 服务器 Server02 上查看日志文件

```
[root@Server02 ~]# vim /var/log/squid/access.log
532869125.169          5  192.168.10.1  TCP_MISS/403  4379  GET  http:#202.112.113.113/  -
HIER_DIRECT/202.112.113.113 text/html
```

思考： Web 服务器 Client1 上的日志文件 var/log/messages 中有何记录？读者不妨查阅该日志文件。

12.4.3 客户端不需要配置代理服务器的解决方案

（1）在 Server02 上配置 squid 服务，前文开放 squid 防火墙和端口的内容仍适用于本任务。

1）修改 squid.conf 配置文件，在"http_port 3128"下面增加如下内容并重新加载该配置。

```
[root@Server02 ~]# vim   /etc/squid/squid.conf
64 http_port 3128
64 http_port 3129 transparent
[root@Server02 ~]# systemctl restart squid
[root@Server02 ~]# netstat -an |grep :3128        #查看端口是否启动监听，很重要
tcp6        0        0 :::3128                    :::*                    LISTEN
[root@Server02 ~]# netstat -an |grep :3129        #查看端口是否启动监听，很重要
tcp6        0        0 :::3129                    :::*                    LISTEN
```

特别说明：3128 端口默认必须启动，因此不能用作透明代理端口，透明代理端口要单独设置，本例为 3129。

2）添加 firewalld 规则，将 TCP 端口为 80 的访问直接转向 3129 端口，重启防火墙和 squid。

```
[root@Server02 ~]# firewalld-cmd --permanent --add-forward-port=port=80:proto=tcp: toport=3129
success
[root@Server02 ~]# firewalld-cmd --reload
[root@Server02 ~]# systemctl restart squid
```

（2）在 Linux 客户端 Server01 上测试代理设置是否成功。

1）打开 Firefox 浏览器，配置代理服务器。在浏览器中按 Alt 键调出菜单，依次单击"编辑"→"首选项"→"高级"→"网络"→"设置"命令，打开"连接设置"对话框，选中"不使用代理服务器"单选按钮，将代理服务器设置清空。

2）设置 Server01 的网关为 192.168.10.20。（删除网关命令是将 add 改为 del。）

```
[root@Server01 ~]# route add default gw 192.168.10.20        #网关一定要设置
```

3）在 Server01 的浏览器地址栏中输入 http://202.112.113.113，按 Enter 键，显示测试成功。

（3）在 Web 服务器 Client1 上查看日志文件。

```
[root@Client1 ~]# vim /var/log/httpd/access_log
202.112.113.112 - - [28/Jul/2018:23:17:15 +0800] "GET /favicon.ico HTTP/1.1" 404 209 "-" "Mozilla/5.0 (X11;
Linux x86_64; rv:52.0) Gecko/20100101 Firefox/52.0"
```

注意：RHEL 8 的 Web 服务器日志文件是/var/log/httpd/access_log，RHEL 6 中的 Web 服务器的日志文件是/var/log/httpd/access.log。

（4）初学者可以在 firewalld 的图形界面设置前文的端口转发规则，如图 12-6 所示。

```
[root@Server02 ~]# firewalld-config                #需要用 dnf 先安装该软件
```

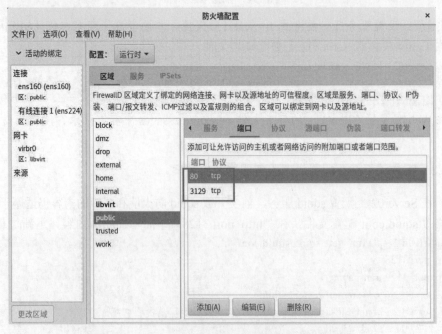

图 12-6　在 firewalld 的图形界面设置端口转发规则

12.4.4 反向代理的解决方案

1. 使用反向代理

客户端要访问内网 Server01 Web 服务器，可以使用反向代理。

（1）在 Server01 上安装、启动 httpd 服务，并设置防火墙让该服务通过。

```
[root@Server01 ~]# dnf install httpd -y
[root@Server01 ~]# systemctl start firewalld
[root@Server01 ~]# firewalld-cmd --permanent --add-service=http
[root@Server01 ~]# firewalld-cmd --reload
[root@Server01 ~]# systemctl start httpd
[root@Server01 ~]# systemctl enable httpd
```

（2）在 Server02 上配置反向代理（特别注意 ACL 等前 3 条命令，意思是先定义一个 localnet 网络，其网络 ID 是 202.0.0.0，后面再允许该网段访问，其他网段拒绝访问）。

```
[root@Server02 ~]# firewalld-cmd --permanent --add-service=squid
[root@Server02 ~]# firewalld-cmd --permanent --add-port=80/tcp
[root@Server02 ~]# firewalld-cmd --reload

[root@Server02 ~]# vim    /etc/squid/squid.conf
55 acl localnet src 202.0.0.0/8
56 http_access allow localnet
59 http_access deny all
64 http_port    202.112.113.112:80    vhost
65 cache_peer 192.168.10.1 parent 80 0 originserver weight=5 max_conn=30
[root@Server02 ~]# systemctl restart squid
```

（3）在 Client1 上进行测试（浏览器的代理服务器设为"No proxy"）。

```
[root@Client1 ~]# firefox 202.112.113.112
```

2. 几种错误的解决方案（以反向代理为例）

（1）如果防火墙设置不好，就会出现图 12-7 所示的不能正常连接界面。

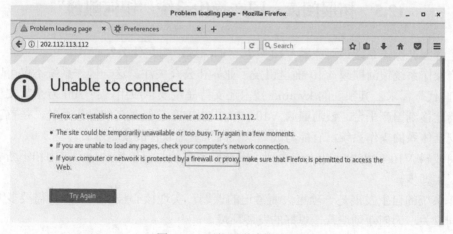

图 12-7 不能正常连接界面

解决方案：在 Server02 上设置防火墙，当然也可以停用全部防火墙（firewalld 防火墙默认是开启状态，停用防火墙的命令是 systemctl　stop　firewalld）。

```
[root@Server02 ~]# firewalld-cmd --permanent --add-service=squid
[root@Server02 ~]# firewalld-cmd --permanent --add-port=80/tcp
[root@Server02 ~]# firewalld-cmd --reload
```

（2）ACL 设置不对可能会出现图 12-8 所示的不能被检索界面。

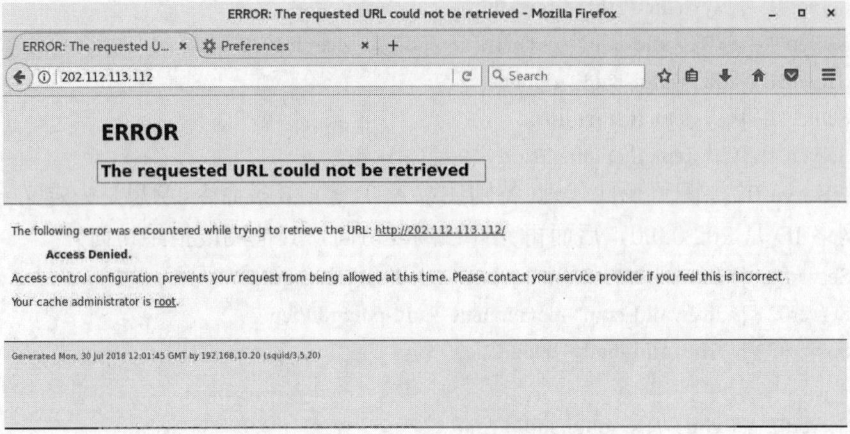

图 12-8　不能被检索界面

解决方案：在 Server02 上的配置文件中增加或修改如下语句。

```
[root@Server02 ~]# vim    /etc/squid/squid.conf
acl localnet src 202.0.0.0/8
http_access allow localnet
http_access deny all
```

特别说明：防火墙是非常重要的保护工具，许多网络故障都是防火墙配置不当引起的，需要读者理解清楚。为了后续实训不受此影响，可以在完成本次实训后，重新恢复原来的初始安装备份。

12.5　拓展阅读：国产操作系统"银河麒麟"

你了解国产操作系统银河麒麟 V10 吗？它的深远影响是什么？

国产操作系统银河麒麟 V10 面世引发了业界和公众关注。这一操作系统不仅可以充分适应"5G 时代"需求，其独创的 kydroid 技术还支持海量安卓应用，将 300 万余款安卓适配软硬件无缝迁移到国产平台。银河麒麟 V10 作为国内安全等级最高的操作系统，是首款实现具有内生安全体系的操作系统，有能力成为承载国家基础软件的安全基石。

银河麒麟 V10 的推出，让人们看到了国产操作系统与日俱增的技术实力和不断攀登科技高峰的坚实脚步。

操作系统的自主发展是一项重大而紧迫的课题。实现核心技术的突破，需要多方齐心合力、协同攻关，为创新创造营造更好的发展环境。

12.6　项目实训：配置与管理代理服务器

项目实录 配置与管理
squid 代理服务器

1. 视频位置

实训前请扫描二维码，观看"项目实录　配置与管理 squid 代理
服务器"慕课。

2. 项目背景

代理服务器的典型应用环境如图 12-9 所示。企业用 squid 作为代理服务器（内网 IP 地址
为 192.168.1.1），企业所用 IP 地址段为 192.168.1.0/24，并且用 8080 作为代理端口。

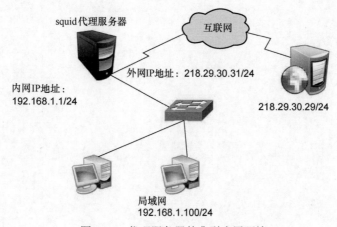

图 12-9　代理服务器的典型应用环境

3. 项目要求

（1）客户端在设置代理服务器地址和端口的情况下能够访问互联网上的 Web 服务器。

（2）客户端不需要设置代理服务器地址和端口就能够访问互联网上的 Web 服务器，即透
明代理。

（3）配置反向代理，并测试。

4. 做一做

根据项目实录进行项目实训，检查学习效果。

12.7　练　习　题

一、填空题

1. 代理服务器类似于内网与_____的"桥梁"。

2. 普通的互联网访问是一个典型的_____结构：用户利用计算机上的客户端程序（如
浏览器）发出请求，远端 Web 服务器程序响应请求并提供相应的数据。

3. 代理服务器处于客户端与服务器之间，对于服务器来说，代理服务器是_____，代

理服务器提出请求，服务器响应；对于客户端来说，代理服务器是_____，它接收客户端的请求，并将服务器上传的数据转给_____。

4．当客户端在浏览器中设置好代理服务器后，所有使用浏览器访问互联网站点的请求都不会直接发送给_____，而是首先发送至_____。

二、简答题

1．简述代理服务器的工作原理和作用。

2．配置透明代理的目的是什么？如何配置透明代理？

综合实训一   Linux 系统故障排除

一、实训场景

假如你是 A 公司的 Linux 系统管理员，公司有几台 Linux 服务器。现在这几台服务器分别发生了不同的故障，需要进行必要的故障排除。

Server A：由实训指导教师修改 Linux 系统的/etc/inittab 文件，将 Linux 的 init 级别设置为 6。Server B：由实训指导教师将 Linux 系统的/etc/fstab 文件删除。Server C：root 账户的密码已经忘记，无法使用 root 账户登录系统并进行必要的管理。

为便于日后进行类似的故障排除，建议在完成故障排除后，对/etc 目录进行备份。

二、实训基本要求

1．参加实训的学生启动相应的服务器，观察服务器的启动情况和可能的故障信息。
2．根据观察到的故障信息，分析服务器的故障原因。
3．制订故障排除方案。
4．实施故障排除方案。
5．进行/etc 目录的备份。

三、实训前的准备

进行实训之前，完成以下任务。
1．熟悉 Linux 系统的重要配置文件，如/etc/inittab、/etc/fstab、/boot/grub/grub.conf 等。
2．了解 RHEL 的常用故障排除工具，如 GRUB 引导管理程序、Red Hat 救援模式等，并了解各个工具适合的故障排除类型。

四、实训后的总结

完成实训后，进行以下工作。
1．在故障排除过程中，观察服务器的启动情况，并记录其中的关键故障信息，将这些信息记录在实训报告中。
2．根据故障排除的过程，修改或完善故障排除方案。
3．写出实训心得和体会。

综合实训二　企业综合应用

一、实训场景

B 公司包括一个园区网络和两个分支机构。在园区网络中，大约有 500 个员工，每个分支机构大约有 50 个员工，此外还有一些 SOHO（Small Office Flome Office，居家办公）员工。

假定你是该公司园区网络的网络管理员，现在公司的园区网络要进行规划和实施，现有条件如下：公司已租借了一个公网的 IP 地址 100.100.100.10 和 ISP 提供的一个公网 DNS 服务器的 IP 地址 100.100.100.200，园区网络和分支机构使用 172.16.0.0 网络，并进行必要的子网划分。

二、实训基本要求

1．在园区网络中搭建一台 squid 服务器，使公司的园区网络能够通过该代理服务器访问互联网。要求进行互联网访问性能的优化，并提供必要的安全特性。

2．在公司内部搭建 DHCP 和 DNS 服务器，使网络中的计算机可以自动获得 IP 地址，并使用公司内部的 DNS 服务器完成内部主机名以及互联网域名的解析。

3．搭建 FTP 服务器，使分支机构和 SOHO 用户可以上传和下载文件。要求每个员工都可以匿名访问 FTP 服务器，进行公共文档的下载；另外还可以使用自己的账户登录 FTP 服务器，进行个人文档的管理。

4．搭建 samba 服务器，并使用 samba 充当域控制器，实现园区网络中员工账户的集中管理，并使用 samba 实现文件服务器，共享每个员工的主目录给该员工，并提供写入权限。

三、实训前的准备

进行实训之前，完成以下任务。
1．熟悉实训项目中涉及的各个网络服务。
2．写出具体的综合实施方案。
3．根据要实施的方案画出园区网络拓扑图。

四、实训后的总结

完成实训后，进行以下工作。
1．完善园区网络拓扑图。
2．根据实施情况修改实施方案。
3．写出实训心得和体会。

参 考 文 献

[1] 杨云，林哲. Linux 网络操作系统项目教程（RHEL 8/CentOS 8）（微课版）[M]. 4 版. 北京：人民邮电出版社，2022.

[2] 杨云. RHEL 7.4 & CentOS 7.4 网络操作系统详解[M]. 2 版. 北京：清华大学出版社，2019.

[3] 杨云，唐柱斌. 网络服务器搭建、配置与管理——Linux 版（微课版）[M]. 4 版. 北京：人民邮电出版社，2022.

[4] 杨云，戴万长，吴敏. Linux 网络操作系统与实训[M]. 4 版. 北京：中国铁道出版社，2020.

[5] 杨云，吴敏，郑丛. Linux 系统管理项目教程（RHEL 8/ CentOS 8）（微课版）[M]. 北京：人民邮电出版社，2022.

[6] 鸟哥. 鸟哥的 Linux 私房菜——基础学习篇[M]. 4 版. 北京：人民邮电出版社，2018.

[7] 刘遄. Linux 就该这么学[M]. 北京：人民邮电出版社，2017.

[8] 刘晓辉，张剑宇，张栋. 网络服务搭建、配置与管理大全（Linux 版）[M]. 北京：电子工业出版社，2009.

[9] 陈涛，张强，韩羽. 企业级 Linux 服务攻略[M]. 北京：清华大学出版社，2008.

[10] 曹江华. Red Hat Enterprise Linux 5.0 服务器构建与故障排除[M]. 北京：电子工业出版社，2008.

[11] 夏栋梁，宁菲菲. Red Hat Enterprise Linux 8 系统管理实战[M]. 北京：清华大学出版社，2020.

[12] 鸟哥. 鸟哥的 Linux 私房菜——服务器架设篇 [M]. 3 版. 北京：机械工业出版社，2012.